棚田の謎

農文協

田村善次郎
TEM研究所

棚田の謎

千枚田はどうしてできたのか

はしがき

自然はさびしい
しかし　人の手が加わると
あたたかくなる
その暖かなものを求めて
あるいてみよう

これは昭和四〇年頃に、テレビ放映された「日本の詩情」というドキュメンタリー番組の冒頭に流された文章で、この番組の監修者であった宮本常一先生の言葉である。生涯を旅人として、百姓として過ごされた民俗学者、宮本先生の自然観と、人の営みへの想いが、簡潔ではあるが端的に表されている。忘れられない言葉の一つである。

人の手がまったく加えられていないといってもよい世界を歩いた経験は、数えるほどしかないのだが、その数少ない体験では、やりきれないほどに切なく、寂しく、人恋しい気持ちに襲われたものであった。遠くに見えるかすかな灯り、かすかに聞こえる太鼓の音に、生き返ったようなほっとする想いに襲われたものであった。

人は自分たちの身の回りにある自然に、何らかの手を加えることによって生き続けてきた。植物を栽培し、食料その他の生活資料を得る術を獲得した人々は、山を焼いて、また土地を切り拓《ひら》いて田畑にして作物をつくってきた。日本人は、縄文時代のある時期から、水田をつくり水稲の栽培をはじめた。

平地の少ない、山と谷のコンビネーションで成り立っている日本の風土で、風水害にもかからず、耕地として拓きやすい土地は山間か、谷あいの傾斜地であった。日本の親たちは、水が得やすく水田に適した地を選んでは、起こし、均《なら》し、畦《あぜ》をつくってたんぼをつくった。土地なりに均して段をつけた。営々とした努力の積み重ねが、幾重にも重なる棚田の風景をつくりあげてきた。

「耕して天に至る」と形容される段々畑や千枚田の風景は、一朝一夕にできたものではない。日本の農民の何代にも何代にもわたって続けられてきた努力の結晶なのである。だから見る人を感動させ、人の心を暖かく包みこむ力をもっているのである。

本書では、全国各地に残されている棚田のうち、石川県輪島市白米《しらよね》と三重県紀和町丸山、二カ所の棚田を調査し、報告することにした。いずれも俗に千枚田と呼ばれる規模の大きい棚田である。いずれも旅人の感動を誘うに足る見事な景観を構成している。私たちは、棚田の現状の正確な図面を作成することからはじめ、入手できる限りの史・資料の収集と分析整理を行うことを通じて、この感動的な景観をつくりあげてきた基礎になっている、棚田の造成技術と時代性を探ろうと試みた。

造成技術に視点を当てて分析していくと、白米の千枚田も丸山の棚田も、いっときの開田によってでき上がったものではなく、長い年月をかけてつくりあげられたものであることがわかるし、部分的にもしろ、それぞれの時代の技術と努力の痕跡が随所に残されていることを知ることができると考えたのである。

私たちは、こうした試みを通じて、「人の手が加わると暖かくなる」と宮本先生にいわしめた先人の努力と営みの積み重ねを、私たちなりに追い求め、伝えることができれば幸だと考えている。

棚田の謎

目次

第3章
海辺に拓かれた土坡《どは》の千枚田を調べる
——石川県輪島市白米《しらよね》

第1章

棚田の景観は何を語っているのだろう

山間にも海辺にも離島にもあった棚田

「帰る雁　田ごとの月の　曇る夜に」

を詠んだ与謝蕪村の春の句である。

「田毎《たごと》の月」は、信州善光寺平を見下ろす姨捨《おばすて》山の山麓斜面に拓《ひら》かれた棚田である。その中でも四十八枚田といわれる部分は、急傾斜面にあって月夜に山上から眺めると、一枚毎に月影を宿して見えるという。そのことから「田毎の月」と呼ばれ、名勝として知られ親しまれてきた。室町時代の連歌用語辞書として知られる宗碩《そうせき》✦1の『藻塩草《もしおぐさ》』に「信州更級《さらしな》の田毎の月は、姨捨山のなだれに四十八階の山田あり、姨捨山上より見おろせば、田毎に月ありて風景斜ならず」と記されている。信濃善光寺は、古くから広い信仰を集めてきた名刹《めいさつ》であり、善光寺参りにことよせて、この地方を訪れる旅人や文人墨客も多かったから、善光寺平の南縁の山裾に拓かれた階段状の棚田は特徴的な景観として人々の目を引き、詩歌の題材としても、早くから取り上げられてきたのである。

しかし「耕して天に至る」という言葉で表現される耕作景観、水田の風景はここだけのものではなく、各地に見られる日本農業の象徴的な景観であった。それは日本農民の勤勉さの象徴として、苦労の象徴として、時には貧しさの象徴として、また日本の自然美の象徴として取り上げられてきたのである。

山間や谷あいの傾斜地に階段状に層をなしている水田を棚田と総称するのであれば、棚田は珍しいものではなかった。アジア大陸の東縁に南北に細長く連なる日本列島は、その七二%が山地によって占められている。中央山地から流れ下る河川によって削られた山地の傾斜はけわしく、凹凸に富んだ地形を形成している。日本の国土は、平地・平野の極端

✦1
戦国期の連歌師。宗祇没後、京都を拠点に活動、公家や大名家の使者として北陸、東国、九州へたびたび旅行した。

更埴市姨捨の四十八枚田
左頁／月下の丸山千枚田（三重県紀和町）

に少ない山と谷のコンビネーションで成り立っている。島国であるから長い海岸線によって囲まれてはいるけれども、その海岸もリアス式海岸に代表されるように、山が直接海に落ち込んだようなところが少なくないのである。

本書で主題とする棚田も、その典型的な例として取り上げられることの多い能登白米《しらよね》や佐渡相川町関の千枚田などは、海に向かった急斜面に拓かれている。山間だけではなく、海辺にも、離島にも棚田はたくさんあった。「田毎の月」的な水田景観は、広く各地にあったものである。

普及拡大の速かった水田稲作

稲はもともと日本に自生していた植物ではない。したがって、その栽培化は日本列島の中で始まったものではない。外から伝えられたものである。稲作の起源地についてはいくつかの説があるが、最近では中国長江の中流域で始められたとする説が有力である。初期稲作遺跡の一つといわれる中国湖南省玉蟾岩《ぎよくせんがん》遺跡で発見された稲籾《もみ》は、一万二〇〇〇年前の地層から出土したものであるという。長江中流域で始まった稲作は、流域を中心に各地に広がっていく。初期稲作は焼畑形式のものであったが、それが水田稲作へと大きく展開する。現在までに発見されている水田稲作の最も古い遺跡は、長江下流の江蘇省蘇州市にある草鞋山《そうあいざん》遺跡で、ここからは約六〇〇〇年前の水田跡が発掘されている。

六〇〇〇年前というと日本では縄文時代前期に当たり、日本最古の稲作の痕跡が見つかったと報じられている岡山県朝寝鼻《あさねばな》貝塚が形成された時期である。プラントオパール分析法✦2など科学的方法を利用した研究によって、日本における稲作開始時期も随分とさかのぼり、主として西日本を中心とする縄文時代前期以降の各時代の遺跡から、次々と稲作の

✦2
イネ・タケ・ヨシ・ススキなどのイネ科植物の葉に含まれる細胞壁の中にはケイ酸が沈着しやすいものがあり、枯れても土壌で分解されずに化石化して残る。これをプラントオパールという。プラントオパールを土壌試料から顕微鏡下で検出して、過去のイネの植生や作物の生産量などを推定する方法をプラントオパール分析法と呼ぶ。

痕跡が発見されてきているから、縄文時代もかなり早い時期に稲が伝えられ、栽培されていたのは明らかだといってよいだろう。しかし縄文時代に栽培されていた稲は、焼畑を中心につくられる熱帯ジャポニカ系の陸稲が主で、水田に栽培される温帯ジャポニカ系稲の伝来は、二五〇〇年ないし三〇〇〇年ほど前のことだろうとされている。[3] 縄文晩期になるのであろうか。最初に西北九州に伝えられた水田稲作は、比較的短期間のうちに西日本全域に広がり、すでに弥生時代の中頃には、北海道を除く日本全域にその栽培が行われるようになっていたというから、その普及拡大はかなり速かったということができるだろう。

長江下流域で、六〇〇〇年ほど前に始まった水田稲作が、中国南部から直接か、朝鮮半島南部を経由してもたらされたのか、その経路はともかく、三〇〇〇年ほど前に日本に伝えられたのだとすれば、中国での水田稲作の開始からは少なくとも三〇〇〇年くらいの年月が経過していることになる。日本に伝来した水田稲作は、技術的・体系的にかなり整ったものとして入ってきたのだと考えることができるであろう。そのことが日本での普及を速めた理由の一つにはなるであろう。

棚田が拓かれた場所

日本の初期水田がどのような立地条件のところに拓かれたのかについてはまだ正確にわかっているとはいえないのだが、佐藤洋一郎によると「水田稲作は、渡来したその直後には、扇状地の扇央付近など、比較的水が得やすく、しかも居住空間からそう遠くない場所に開かれていた」であろうという。[4] 少なくとも現在の私たちが、水田立地として最適と考える広々とした沖積平野の中央部などは開発されていなかったのである。大河川の中下流域に広がる沖積平野や、その低湿地が水田として開発されるのは、ずっと後のことになる。

現在までに発掘されている弥生時代の水田遺跡は、いずれも高低差のほとんどない平地

[3] 『イネ、知られざる1万年の旅』NHK出版

[4] 佐藤洋一郎『森とたんぼの危機』朝日新聞社

につくられており、早くに発掘された静岡県登呂《とろ》遺跡を別にすれば、一枚の面積は一〇平方メートル内外か、それ以下ときわめて小さい。そして整然と区画されている。それらの水田遺構の多くは、出水によると考えられる厚い砂層の下に埋もれているのが特徴的である。集落規模も小さく、労働力も少ない段階では水田として拓きやすく、水が容易に得られる低地が選ばれたのであろうが、そこはまた出水の被害を受けやすい場所でもあったのである。

これまでに発掘されていないからといって、弥生時代に棚田式の水田がなかったとはいえないのだが、あえて大量のエネルギーを投下して傾斜地に水田を造成するまでもなく、初期水田に適した空閑地はたくさんあったはずである。縄文時代の西日本は常緑広葉樹・照葉樹の森林によって大部分が覆われていたにちがいないから、あえて山地の傾斜面に水田を造成する必要はなかった。「田毎の月」などに代表されるような棚田が多く出現するのは、時代が下がってからのことになるのであろう。

水田稲作は、稲の成育期間中は恒常的に大量の水を必要とするから、水利やたんぼの造成には労力と設備投資が必要であり、その立地条件にも大きな制約を受ける。だが、いったんつくられた水田は半永久的なものとして利用可能であり、そこに栽培される水稲は収量が比較的高く、かつ安定して、連作ができるという大きな長所をもっている。畑作に見られるような忌地《いやち》現象[✦5]が水稲には見られないのである。

要するに水田稲作は畑作、とりわけ焼畑に比べると単位面積当たりの収量が安定して多い、人口包容力の高い農業なのである。同時にきわめて定着性、定住性の高いものである。水田稲作の定着と拡大普及は急速な人口増加、ひいては定住村落の増大をもたらすものであった。そのことは、同時に平地森林の急速な減少、あえていうならば森林破壊が並行して進行するということでもあった。水が得やすく、小規模な労力によっても拓き得る低平

✦5
同じ種類や近縁の植物を続けて栽培すると生育が悪くなることがある。その現象を連作障害、または忌地現象という。

左頁／谷間の棚田（山形県大石田町藁口）

地につくられた弥生時代の水田は、周辺の森林が減少するにともなって出水、洪水による被害を受けるということになる。宮本常一[6]は、古い時代の低平地に拓かれた水田稲作が不安定であった原因として、洪水のほかに風による被害を受けやすいものであったという理由をあげている[7]。

野生の稲はきわめて脱粒性の強いものである。それを人が栽培することによって脱粒性は弱まってくるが、その性質は容易に払拭《ふっしょく》されるものではなかった。現在の稲はコンバインなどによる収穫が可能なほどに脱粒性の弱いものになっているが、昭和二〇年代までの稲には収穫時に少し手荒く取り扱うとポロポロと実のこぼれる品種が少なくなかったもので、稲刈りのときに少し手荒く扱うと親たちから厳しく怒られたものである。

そのことから類推しても、弥生時代や古代の稲は、実のこぼれやすいものであったにちがいない。そして日本、とりわけ西日本は稲の稔《みの》る頃に強い風の吹くことが多いところである。したがって安定した水田は、洪水や風の被害を受けることの少ない山間の盆地や谷あいに造成されることになる。

宮本は前掲書において、初め北九州に渡来した稲が間もなく大和盆地で多く栽培されるようになったのは、そこが四方を山に取り囲まれた盆地で、周囲の山が風垣になっていた、と同時にその山麓は、水田を拓くのに適した地下湧水に恵まれており、日照りも十分で洪水の被害を受けることも少ない土地が盆地中央の低地を除いて六、七割を占めているからである、と記している。

盆地といっても、その中央部の平地を中心に水田が拓かれたのではなく、周囲の湧水に恵まれた山麓傾斜面を水田として拓いたものである。その水田は斜面を均して段々をつけ、畦をつくり、水を湛えることのできるようにした、いわゆる棚田であった。大和盆地の東南隅に位置する飛鳥地方は、山地や丘陵がいくつもの小河川によって刻まれた谷によって

✦6
民俗学者（一九〇七ー一九八一）。山口県周防大島に生まれ、大阪に出て小学校教員の傍ら民俗学の道に入る。一九五四年、上京。渋沢敬三のアチック・ミューゼアム（日本常民文化研究所）に入り、全国各地を歩き、見て、聞き、常民文化の特質を追究した。

✦7
宮本常一『開拓の歴史』未来社

区分されているのだが、それぞれの谷あいの傾斜面にたくさんの棚田が拓かれている。今は放棄されたところもあるが、まだ耕作されている棚田もたくさん残っている。この地方の集落と棚田をめぐる景観にはしっとりと落ち着いた豊かさがあり、かつての生産力の高さを感じさせるものがある。

大和盆地の東南隅に位置する飛鳥の地は周知のように古代大和朝廷の都として栄えたところであるが、この地の棚田が卓越する谷あいは、例えば橘《たちばな》寺と川原寺の間を西に抜ける谷は天皇家、飛鳥寺東の小原《おはら》谷は藤原氏、飛鳥川上流部の谷は蘇我氏というように、この地に住み、力をもっていた各氏族の支配するところであったという。✦8

棚田の造成にはそれなりの土木工事と労力を必要とするものであるから、ある程度の規模をもった集団の力によってなされることが多かったと考えられる。飛鳥地方のそれぞれの谷あいにある棚田は古くからのものが多いとされているが、それぞれの谷筋を支配していた氏族によるものかどうかは必ずしも明確ではない。しかし、これが大和朝廷成立以前の造成によるものであるとするならば、これらの棚田は天皇家を中心とする豪族たちの勢力を培《つちか》う拠点の一つとして大きな意味をもっていたにちがいない。あるまとまりをもった棚田は、それなりの余剰と蓄積を生み出すだけの生産力をもっているのである。

✦8
中島峰広『日本の棚田』古今書院

米という特別な食物

水稲は、生産力が高く、安定した収穫が得られるということで、作物としても優れているが、それに加えて、食料としての米は麦や粟《あわ》、稗《ひえ》、黍《きび》などの他の穀物に比べて栄養価が高く、しかも美味しいという点でも勝っており、かつ調整・調理も比較的簡単だという利点をもっている。そのことだけをとってみても、稲作の普及拡大は当然のことだと考えら

海辺の土坡の棚田（石川県輪島市白米）

れるのだが、そうしたこと以上に私たち日本人は米に対して強い執着心をもち続けてきた。

青森県の五戸《ごのへ》地方は、米のできない村が多く、日常に米を食べない村の多いところであったが、妊娠した婦人が産気づくと生米を何粒か食べさせたり、産後すぐに一〇粒から五〇粒ほど食べさせたりしたものだという。これを力米《ちからごめ》といった。生米を産婦が食べると精がつくと信じていたのである。生米を力米といって産婦に食べさせる風習は、五戸地方だけではなく、各地で見られたものであった。

これと似た話に振米《ふりごめ》の話がある。竹筒などにわずかな米を入れて貯えておき、病人が危篤になると、これを耳元で振って「早く元気になれよ、よくなったらこれを炊いて食べさせるから」といった類《たぐ》いの話で、米のとれない山間僻地の話として笑い話的に伝えられている。力米の習俗や振米の伝承は、米が私たちにとって栄養価の高い美味しい食物だという以上に、他の穀物にない霊力、呪力をもった特別なものと考えられていたことの証しであろう。米は弘法大師、稲荷、あるいは作神様から授けられたものだという伝承をもっている地方は少なくないのである。

日本は弥生時代以来、水田稲作を中心にする農業を主体にしてきたたし、米が経済の中心であり、国民の主食であったという。そのことに間違いはないのだろうが、その主食である米を毎日ではなくとも、せめてハレの日だけは腹一杯食べたいと願う人が多かったのもまた事実である。そうした人々の米に対する信仰にも似た熱い想いが、谷水や湧水の得やすいわずかな空閑地であっても、そこを拓いて棚田に替えていったのである。

中世の名が残る棚田

中国地方、広島県などの山中を歩いてみると、小さな枝谷の奥まったところ、背後に山を控え、やや小高くなったあたりに屋敷を構え、その下方に棚田が拓かれている光景を目にすることが多い。今では川沿いの低地に拓かれた水田が主となっており、家々も川沿いに付けられた道路沿いに多く集まっているが、枝谷の奥や山麓にある家や屋敷が古くからのものだという。そういう棚田の一枚の面積は狭く、用水も湧き水か谷水がかりで、水路によって一枚一枚の田に水を引くようにはなっていない。上の田から下の田に水を落としていく方法、いわゆる畦ごし・田ごしの方法がとられていることが多い。そういうところの地名を調べてみると、田ごしに取水する範囲が一字《あざ》になっており、取り入れ口の替わる田は字名が違っていることが多い。田ごしで取水する範囲が開墾の一単位となっていたものであろう。水量、地形その他の条件によって、規模のちがいはあるが、背後の山と屋敷、周囲に拓かれた畑、そして水田が一つのセットとなって、一軒の家の生活領域となっていることがわかる景観である。またそういうところの字名には、時貞とか清光、弁海などといった武士あるいは僧侶を思わせるような名が付けられていることが多い。中国地方山中における名田《みようでん》と呼ばれるものの多くは、そういうものであったと思われると、宮本常一は述べている。

名田というのは古代末から中世にかけて公領や荘園を構成する徴税単位で、その占有者、名主の名を冠して呼んだところからきたもので、それが地名として現在まで伝えられているのである。名田的地名は西日本にはたくさん分布している。

山間の谷あいや山麓の小さな扇状地などに所在する小規模な名田は親方である名主が家人などを使役して拓いたものが多いと考えられている。もちろん山間に拓かれた棚田のすべてが名田的なものばかりではなく、古代以来のたび重なる戦乱の時代に、その難を避けて山間に入った人々、落人などによって拓かれた棚田も少なくない。平家の落人伝承をもった村が全国に三〇〇以上あるというが、その中には山村が少なくない。そのほとんどの山村に棚田が見られる。

石垣雛壇の上に築かれた千枚田と集落
（三重県紀和町丸山）

稲の刈り入れ（三重県紀和町丸山）

デアイシゴトだった開田作業

宮崎県西都市《さいと》銀鏡《しろみ》は、もと東米良《めら》村のうちであった。東米良は隣接する西米良村とともに米良山と呼ばれており、五木村や椎葉村と並ぶ九州中央山地に位置する奥深い山村である。ここもまた落人伝承をもつ村の一つである。集落はハエ（八重）と呼ばれる山腹にある段丘面のわずかな平地に五戸、一〇戸と点在しており、その周囲に拓かれた小さな常畑と広大な山地を利用して行う焼畑や狩などを中心に生業を立ててきた村である。銀鏡にはもと水田はほとんどなかったのだが、現在は一戸平均にして四反五畝くらい所有し、自給に足るほどの米はつくられるようになっている。平地の極めて少ないところであるから、狭い傾斜地につくられた棚田である。棚田といってもせいぜい一カ所に何枚かのものがあるだけで、何十段というほどの規模のものはない。銀鏡の水田のうち江戸時代、それも幕末に拓かれたものはごくわずかで、大半は明治以降に拓かれた新しいものだといわれている。

村の家々が、集落よりもずっと下方にある持地のうち、谷水や湧水の得やすいところの畑や草地を一枚二枚ずつたんぼに直してきた結果なのである。ここでは畑や林野を水田にすることを田を掘るといった。いずれも一畝《せ》✦9に満たない小さなたんぼであるが、斜面を掘って石を除いて平らにし、そこから出る石を使ってギシ（畦畔《けいはん》）になる石垣を築き、底に粘土を張って水漏れのしないように突き固め、さらにその上に表土を五寸くらい敷いて田にするのである。一枚の面積は狭くても相当の労力と時間のかかる仕事で、家族労力だけでは不足する。そこで開田作業は集落の全戸が協力して行うのが常であった。田を掘る場合には、各集落ごとに正月に行われる寄り合いの席に、希望者がどこそこに田を掘りたい

✦9
土地の面積の単位。一反の一〇分の一。約一アール。

と名乗り出て、全員の承認を得なければならなかった。希望者が多いときには、クジ引きなどで順番を決めたものである。承認が得られると仕事の暇な時期に日を決めて集落の全員が出役して、造成作業を行うということになる。水田造成の共同労働を銀鏡ではデアイシゴトといった。一般にデアイとかデアイシゴトというのは、道普請や井堰《いぜき》の修理などのように集落全体に関わる仕事、つまり公の仕事として、その成員の全員が出役して行う共同作業をいうのである。田を掘るのは純粋に個人の家に関わる私の仕事である。しかし銀鏡では、これを集落、共同体全体に関わる公的なものとして認識されていたのである。

狭い谷あいの小規模な棚田などを見ると、個人の力で開田することができるようなものがいくらもあるし、また家族労働だけで掘られたたんぼもあるに違いないのだが、多くは名田開墾のように家人労働を使ったり、銀鏡に見られるように共同体成員の協力を得て行われることが多かったと考えられる。

隠《おん》田《でん》としての棚田

古代律令制下における条里田の整備をはじめとして、国や領主、商人資本による規模の大きい土木工事をともなう整備事業や開田事業、干拓事業によって平地や低湿地の水田化が進み、河川沿いの平地や低平地の水田が主流を占めるようになっていくのだが、その一方で落人などに代表されるように平穏を求めて山地に入っていく人もまた少なくなかったし、山地にはまた古くから轆轤《ろくろ》師や狩人、杣《そま》、木挽《こびき》、鉱山師など山を生活の場として暮らしを立ててきた人たちも多かった。✦10 農業以外の仕事を主として山に住む人々であり、必ずしも定着性の強い人々ではなかったが、定住して村をつくり、農業以外の仕事を主業としながら、条件のよいところを耕地として拓き、食料を自給する態勢をとる場合も少なくなかった。中央から遠く離れた山地には十分とはいえないけれども、耕地として拓き得る空

✦10 轆轤師は、山中の木を切って、木彫りの材料を粗挽きしたり、ろくろを使って、椀や盆などをつくる職人で、木地師とも呼ばれる。杣とは律令国家や貴族・寺社が造営や修理のために所有する山林のことで、そこで働く伐木を主たる生業とする人を杣、杣工といった。木挽は伐採した材木を角材や板に製材する職人。

閑地を求めることはできたし、水の得やすいところを田に掘る余地も残されていたからである。山地に住む人々は、それぞれの技術を生かした生業を主としながら、小さな棚田を掘って食料の自給を計ってきたのである。

　寛政六（一七九四）年、大石久敬によって著された『地方凡例録』の「田畑名目之事」の項には棚田について次のように記されている。

「山田・谷田と名を付ハ、山の洞谷間等にある田にて、至て土地あしく、猪鹿の荒しも強く、下ゝ田の位にも成がたき分を山田、谷田と名付く、…総て山間の田は、纔《わづ》かに三歩五歩充段ゝに坂のよふに畔ありて、檀あるゆへ、棚田とも膳田とも唱ふ。

…山の片岨の段ゝに畔ありて、坂のよふなる田をすべて棚田・膳田などゝ唱ふることなり。」

　要するに棚田は、山の傾斜地に階段状につくられた小さなたんぼで、土地も悪く、猪鹿などに荒されることの多いもので、下ゝ田にも当たらないような山の洞、谷あいにある田だというのである。支配者にとっては徴税対象としてはとるに足らないものとして把握されていたことが読みとれる。ここに記されているほどではないにしても生産力の低いものが大半であったし、耕耘に牛馬の使えないところが多く、もっぱら耕作も運搬も人力が主であったから、平地の水田に比べると倍以上の労力は必要であった。昭和三〇年代の初め頃、平地の水田での反当たり労力が二〇人工《にんく》から二五人工くらいであったのに対して、谷あいの山田では五〇人工から六〇人工かかると聞いて驚いたことがある。それで反当たり収量は平年で三俵程度ということであった。

　徴税対象としてはとるに足らないものとされていたことは、農民にとってはありがたいことであった。谷あいに新しく掘ったたんぼは、検地の目を逃れることが容易であったからである。集落から離れた山間の小規模な新田は隠田[✦11]として年貢を払わないですむことが

✦11 領主に隠して租税を納めない田地。

多かったし、検地竿《さお》入れを受ける場合でも緩やかであったという。棚田は現在でも台帳面積と実測面積の違いが大きい。実測面積が台帳面積の一・五倍くらいになっているところが稀ではないという。

棚田の歴史は日本の山地開発史の側面をもつと同時に、隠田の歴史という一面をもっているようである。

棚田と鉱山技術

棚田には隠田として見逃されてしまうようなものも多かったにちがいないが、信州の「田毎の月」や各地にある千枚田と呼ばれるような規模の大きいものも少なくない。規模の大きい棚田の開発は、いわゆる農民のもつ技術だけではすまないものがいくらもあるように思われる。その中には先にあげた山を生活の場としてきた人々のもつ生産技術、生活技術が大きく関与している場合が少なくないようだ。開田は規模の大小はあっても土木工事であることにちがいはないのだから、土を耕し作物を育てるだけの技術でできるものではない。規模がある程度以上に大きくなればなおさらである。そういう目で棚田を眺めると、なんらかの形で土木技術をもっていた人が関わっていただろうことが窺《うかが》われる事例が、少なくない。

新潟県の佐渡島は見事な棚田のあることで知られているが、天和《てんな》年間（一六八一〜一六八四）に拓かれたといわれる相川町関の千枚田は、岩場を切り、掛樋を沢に渡して、長い水路を引いて水を落とすという技法が使われている。この技法は鉱山で砂金採取をするネコ流しに使われた技法であるという。ここには鉱山技術を背景に、用水路を掘って水を引き入れる職人の村があったという。✦12 佐渡は金山の島であり、鉱山関連の土木技術が水田開発に使われたであろうことは容易に考えられるところであるが、本書の第二章で事例として

✦12 竹田和夫「新潟県の棚田・千枚田について」（『月刊文化財』四〇〇号）

取り上げている三重県紀和町丸山も、その周辺は古くからの銅山の多いところであり、棚田の造成にその技術が大きく関与していたことが想定される。丸山にも黒鍬《くろくわ》の技術をもった人が何人もいるのである。[13] 山口県大島の久賀にも見事な石垣積みの棚田があり、ここではいくつもの横穴を掘ってそこから出る水を棚田の用水としているのだが、ここにも古く砂鉄を精錬して鉄をつくるタタラのあったことを示す「イモジ（鋳物師）原」という地名が残っているという。

棚田と鉱山技術の関係は今後より研究されなければならない課題として残されているが、日本の山間には金銀銅山ばかりでなく、鉄山その他の鉱山関連の遺跡が広範囲に分布しており、そこでの技術がさまざまな分野に大きい影響を与えているにちがいない。

棚田が語り伝えること

昭和三〇年代以降の経済成長、それと関連しての農業の機械化、栽培技術の進歩、食生活の変化などのさまざまな要因によって日本の農業は急激に変化した。そのことによって棚田は大きな影響を受けた。何よりも大きかったのは、米の生産過剰によると称する作付け制限と人口流出による山村の過疎化である。生産力が低い上に、大型機械の導入もままならぬ棚田は第一に放棄されることになる。経済効率を優先する現在の風潮からすれば当然のことであるといってしまえばそれまでのことであるが、それでよいのかという気持ちの引っかかりはずっともち続けてきた。山道を歩いていて放棄され荒れた棚田や谷戸田に出会うと、何ともやりきれない淋しさに襲われる。その後でつくり続けられ、手入れされた稲田が見えるとほっとする。この気持ちはいったい何だろう。もう離れてしまって忘れてしまったと思っていた百姓の血が、まだかすかだが残っている所以《ゆえん》らしい。

◆13 第二章、五八頁「黒鍬さんと丸山の石垣」参照

棚田には食料である米を生産するという機能のほかに、洪水緩和や水資源涵養《かんよう》、土壌浸食防止といった国土保全機能などがあるという。その通りには違いないが、百姓の血をわずかにだが残しているらしい私の感傷をまじえていえば、一枚の棚田にも、「百姓と菜種油は搾《しぼ》れば搾るほど出る」といわれ、「生かさぬように殺さぬよう」に支配され、その中で時には狡《こす》く、時には筵《むしろ》旗を立てながらも、慎ましく精一杯に生きてきた親たちが、何代にも何十代にもわたたる営々と積み重ねてきた努力、その努力の結晶が込められていると思うのである。棚田は今に生きる私たちにも、そしてこれから後に続くであろう子や孫たちにも、語り伝えることのできる種々の物語をもっているのである。

棚田は日本の農業を象徴する景観であると先に記したのであるが、それは同時にこの国土に生きた日本人の生きざまを象徴する景観でもあり、日本文化を象徴する景観でもあるといえるものである。

私たちには棚田から学ばなければならないたくさんのことが残されている。

第2章

山間に拓《ひら》かれた石垣づくりの千枚田を調べる

――三重県紀和町丸山

紀和町丸山は、海抜七三六メートルの白倉山を背にする山村である。集落と耕地は山の高さの半分以下のところにある。この場所は南斜面であり、西に開いている。近くに高い山がないため、見晴らし、日当たりともによい。日没までの長時間にわたる日照を得られる申し分ない土地である。つまり耕地からは稔《みの》りのよい作物が期待できる土地であった。定住者にとって湧水があちこちにあったことも幸いした。生活用水、田への利水に、あるいは畠直しをして水田にと、水利用は歴史を重ねるに従い、拡大していった。丸山の人々は、山頂から川下までを所有地とし、山地については草地と山林に二分した。集落と畑地、寺などを配置し、眼下に二四八三枚（明治三一年）の棚田群があるところに村を育てた。この景観が形成されるまでの間、丸山では山で生きるための膨大な、しかも長期にわたる開拓と改良の工夫を試みてきたに違いない。この積み重ねの結果である景観に、丸山の生活史が記録されているのである。この景観の要素の一つひとつを解剖することで、棚田の村の景観がつくられていった過程やその特徴を眺めていくことにしよう。

明治末年の丸山千枚田

[分水嶺] 白倉山(海抜 736m)
[主たる水源] 村の東端を流れる谷山側に井堰を 4 つ、また 5 筋の谷水と多種多数の湧水地と井戸がある。
[山地] 山の上半分は山林(町有地)、下半分は草地、雑種地(村の共有地)で牛の飼料や堆肥に利用。
[集落域] 家、畑と水田、寺社、道はすべて石垣雛壇の上にある。集落の周囲に竹林、有用林がある。

山の村、丸山はどんな歴史を秘めているのだろう

豊かだった鉱山資源と山の生産力

■■紀伊半島と熊野川

日本列島のほぼ中央に、太平洋に突き出た半島がある。紀伊半島である。この半島の東半分ほどを流域とする川が熊野川である。奈良盆地の南にある山々を分水嶺《ぶんすいれい》とする紀ノ川と水源を分け合うようにして、熊野の源流は南下する。

　熊野川は山の中ばかりを流れる不思議な川である。紀ノ川のように流域に河岸段丘を発達させもせず、下流に至って大きな平野を形成することも、大きな扇状地もない。深い谷ばかりを刻んだ川であり、流域は岩山と鉱山、大樹と熊野の霊場ばかりが目立っている。

　上流域では細流を集めながら合流し、東側では北山川にまとまり、西側では十津川《とつがわ》にまとまる。二本の川が山や崖地に挟まれて蛇行を繰り返し、さらに枝川を集め、海まで二〇キロメートル余りの熊野大社を過ぎるあたりで、やっと合流して熊野川となり、黒潮流れる熊野灘へと出ていく。この河口にあるのが新宮《しんぐう》市で、古くから熊野杉を搬出する大きな河港として栄えた。

　熊野川は梅雨、台風の季節と他の季節とでは河水の増減の激しい荒ぶる川である。このため本流の川岸に大きな集落も町も発達させることがなかった。川幅の広がる最下流域にやや村々の発達を見るが、それとて他の河川に比べて極端に少ない。居住の適地は支流、枝流となる上流域であり、さらには源流域となる山裾《やますそ》の地であった。

紀伊半島付近図

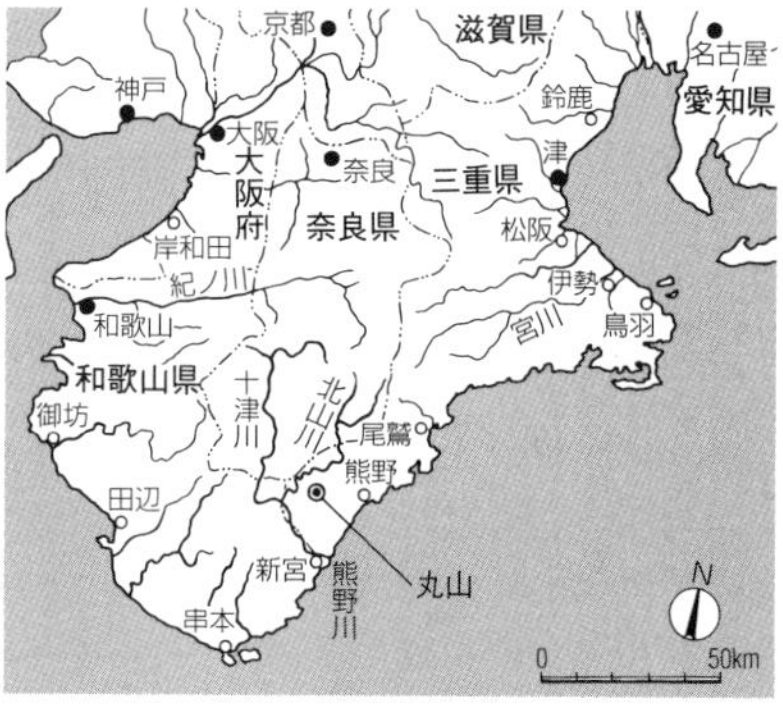

熊野川

■■ 棚田の村・丸山は支流、枝流をさかのぼる

新宮市から北へ二〇キロメートルほど上がった山間の地に紀和町丸山はある。村のある場所は川沿いからが説明しやすい。熊野川支流の北山川を東へ行くと、その枝流に板屋川があり、この川の枝分かれした細流をさかのぼる。ほどなく最上流となり、海抜七三六メートルの白倉山《しらくらやま》が北側に見えてくる。

白倉山は北に連なる山々の南端にある。分水嶺となっている山々は緩やかな裾野を形成していて幾筋もの小川が流下する。裾野は西に発達していて、日当たりも見晴らしもよいところである。

この裾野に西山地区の三集落、平谷《ひらだに》、長尾《ながお》、赤木《あかぎ》がある。西山地区は北山川とその枝流の板屋川に囲まれた小さな高原地帯に成立している。そして、この地区の南手にある村が丸山である。いずれの集落も地形、小川、勾配、たたずまいなどが似た姿をしていて、同じように山を背に耕地や棚田を拓《ひら》いている。つまり人手で調節することができる水の得やすい

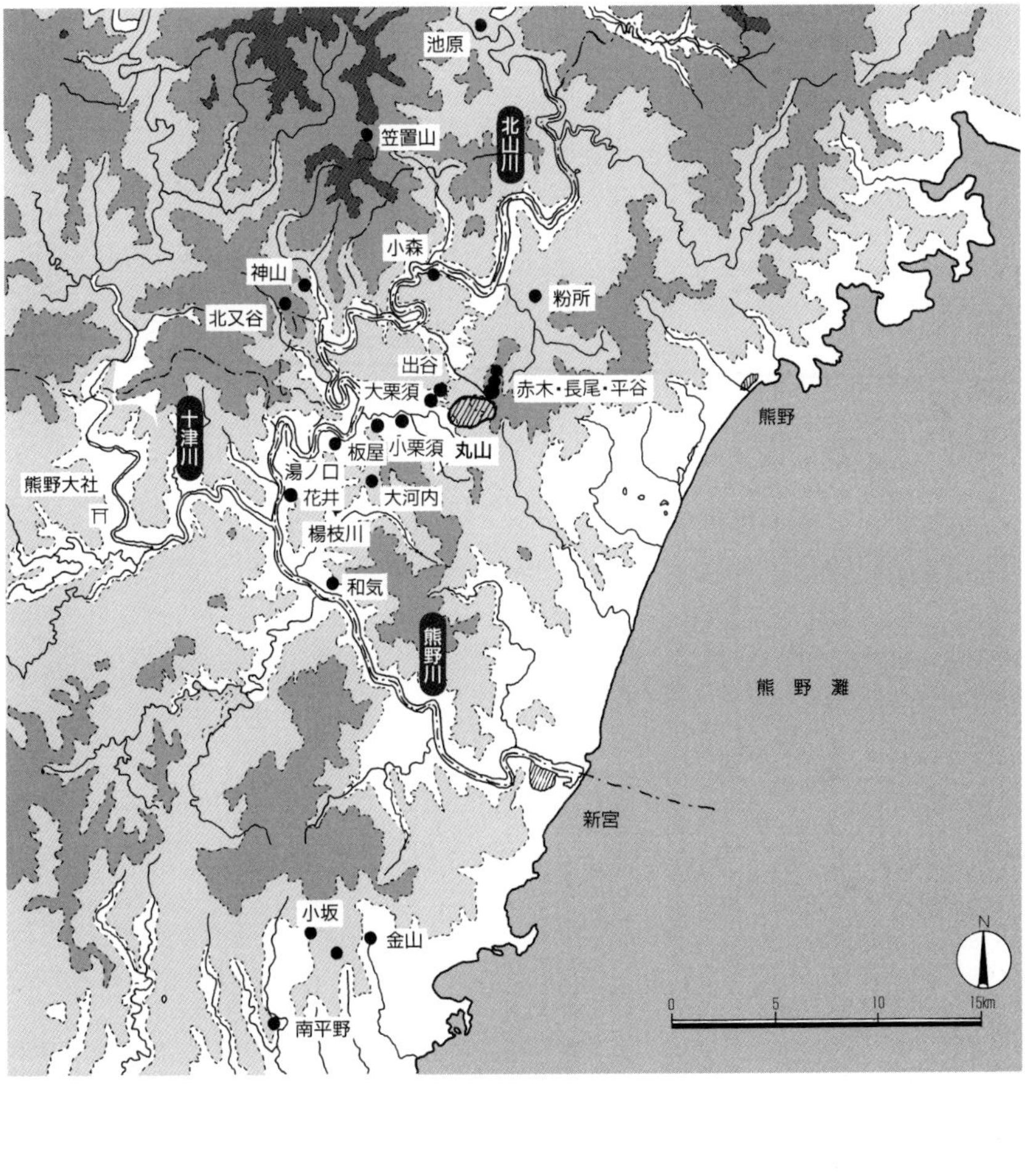

丸山と熊野川流域

凡例
- 海抜 0～200m
- 海抜 200～500m
- 海抜 500～1000m
- 海抜 1000m以上
- ● 鉱山趾（銀・銅・スズ・鉛など）

小川に沿って村がまとまっているのである。

しかし丸山に比べ他の三つの村は何となく景観が穏やかに見える。これは山裾の勾配や小川の流れが丸山より緩やかで、そのため棚田の石垣なども低く築けた結果であろう。

それに比べて、丸山は沢が幾筋も発達していて、地形は急勾配であり、沢が多い分だけ地形は複雑である。このため高く積んだ石垣群が多く、数ある沢の分だけ田の形は小さく、曲がりくねり、大きく群れている。この姿が見る人に強い印象を与えることになる。

丸山の棚田の風景がもつ強い印象には、農耕に幾多の強大な労働力が投入されたことへの感動と共感が込められているのであろう。また、さらには長い時をかけて原野を見事に開拓した村びとたちへのねぎらいの気持ちも含まれているはずである。

■■ 丸山は山また山の中

紀伊半島一帯は古くから熊野の修験者の修行と信仰の場であり、熊野杉、北山杉◆1の産地としても名高い。西山地区も丸山もこの恩恵の中で暮らしが成り立っていた。

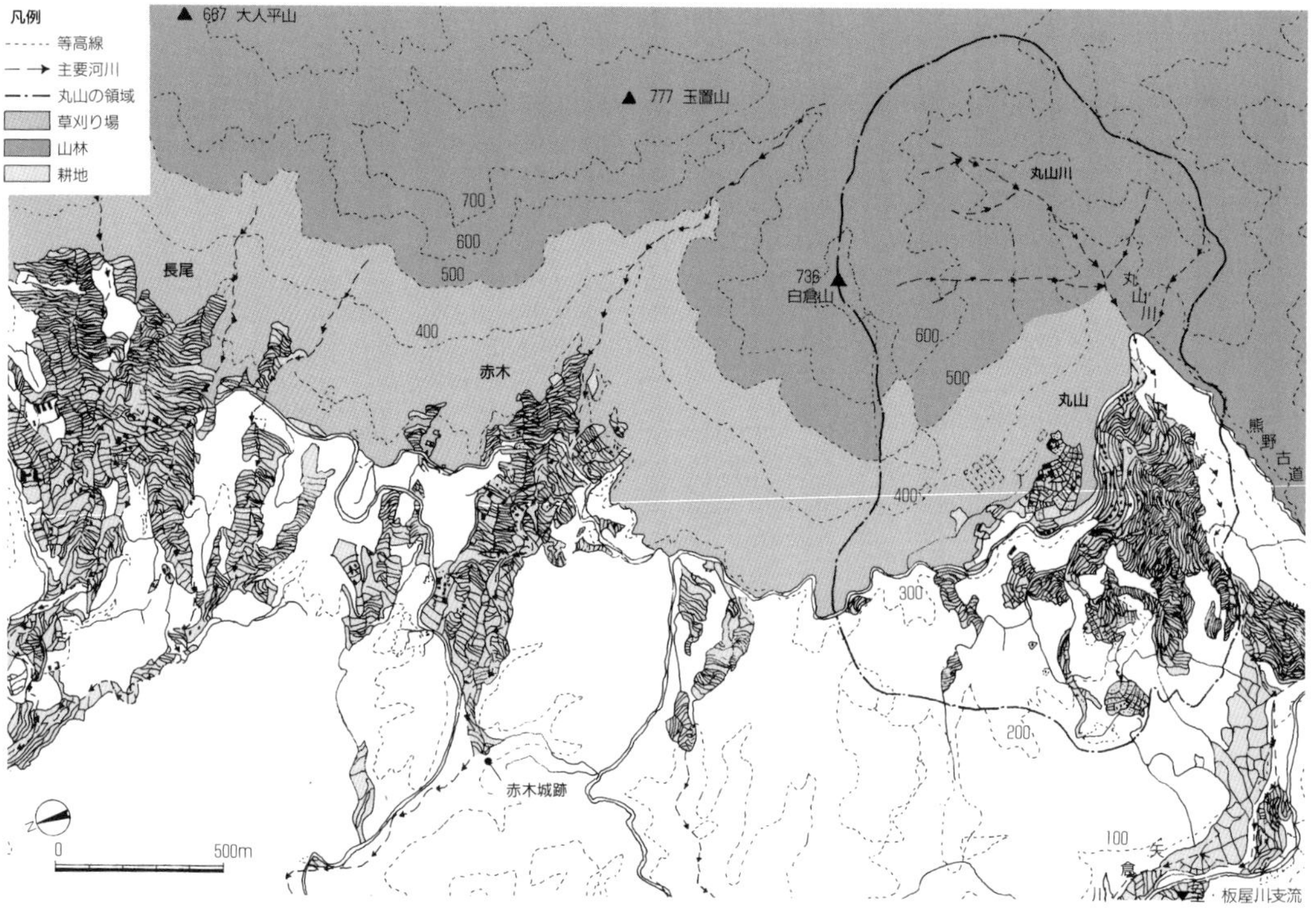

西山地区の集落と丸山の位置
白倉山の西側の緩やかな裾野に、西山地区と丸山の集落と耕地は並んでいる。集落は熊野古道と北山新宮街道で結ばれている。分水嶺から流下する川は村々を通り、下流で北山川に合流していく。

丸山にある二つの街道、すなわち熊野大社への往還[2]である熊野古道、海と山地を結ぶ新宮北山街道が交叉しているのもそのせいである。地図で見ると、丸山の村から熊野灘までは直線距離にして東へ一〇キロメートルあまり、西の大社までも似た距離である。地図上の丸山はずいぶん大社や海、下流の新宮港に近いのだが、現実には高い山並みがあり、深い谷川にさえぎられ、道は上り下りも多い山道ばかりである。このため行き来には距離があり、近いという感じはしない。

しかし天候は海辺と直結している。日本を通る台風の三、四割が紀伊半島付近を通過するので、谷が南西に開く丸山のある裾野は台風の直撃を受けるときがあり、大雨と大風の地となる。加えて梅雨期には半島に前線が停滞して曇り空が多く、また雨がない季節には土地が乾くという、米づくりに不都合な条件もある土地柄なのである。

■■ 地下は鉱脈の宝庫だった

丸山と西山地区の三つの村は、いつの時代からどのようにしてこの地に村を拓いていったのだろう。紀和町史年表を頼りに丸山の時代をさかのぼってみよう。

西山地区の西側にも西山とほぼ同面積の低い山地があるが、集落はまったくない。谷が深く、急勾配の斜面ばかりで、耕地や集落を構えるほどの日当たりのよい場所がなかったためだろう。しかし、どうも人がいたらしい。町史によると、この一帯は木地師の活動があり、集落跡を確認しているので、農耕を主としない山の暮らしが古い時代にはあったのであろう。ここだけでなく他の山中にも木地師[3]の活動の痕跡がたくさんあるようだ。

また、この地区の南端にある出谷《でたに》には元鉱山があり、板屋《いたや》にも銅山がある。現在はいずれも廃山となっているが、地下には銅鉱脈がこのあたりから南西に向けて楊枝《ようじ》川地区まで走っていたらしい。この間一〇キロメートルほどであろうか。この鉱脈に沿って江戸時代からの鉱山址《し》が点在しているが、調べてみると鉱山の範囲はさらに広かった。板屋を中心に直径二〇キロメートルの範囲に三五の鉱山址を町史の資料では確認できる。北山川の中流域には鉱脈が集中していて、その大半が枝流の川筋や谷間から掘られていた。その址が

✦1
広域には熊野川流域に生育した杉材をいう。主な生産地が枝流の北山川流域であることから北山杉と呼ぶ場合がある。この地方が、天然の杉、檜の良材が豊富な産地として知られるようになったのは、近世初期からである。用途は広く、建材、桶・樽材、屋根用の木羽板、杉皮や造船材など多岐にわたった。古くは新宮港から江戸、大坂、名古屋などに運ばれた。

✦2
正式には鎌倉街道のことで鎌倉往還ともいい、略して往還という。この往還という道は、もともとは中世に整備された鎌倉へ通ずる道の意味があり、鎌倉から全国各地方に向かっていて、国ごとにあった国府（府中）、今でいう県庁所在地へ至り、その間宿駅などが設置されていた。

✦3
山の中を仕事場として、木を求めて移動しつつ木材を加工し、器などをつくる職人のこと。別名木地屋、轆轤（ろくろ）を回し椀などをつくることから轆轤（ろくろ）師ともいう。伐採や通行の自由をもち、全国組織で活動した。

建久 2(1191)年　この頃、熊野の本宮、新宮を源頼朝が造営。また入鹿村など 3600 貫の租税の地を本宮衆徒領として寄進する。

承久 3(1221)年　承久の乱。熊野別当衰弱し、郡中不統一。郡中区分 43 郷荘になる。当時の紀和町の村々は西山郷、尾呂志荘、入鹿荘、花井荘、三ノ村郷の五ヶ所に所属。

元弘 2(1332)年　入鹿氏兄弟の竹原八郎(郷士)大塔宮の令旨で大将軍となり伊勢を攻める。

延元 2(1337)年　楊枝川大谷鉱山、採掘中。

天文 12(1543)年　鉄砲伝来。以後、戦闘体制や築城方法が変わり、石垣組の山城は平城に移行し、城下町が各地に形成される。

永禄 8(1565)年　新鹿長福寺合戦。西山郷 14 ヶ村より郷士押し寄せ、双方討死多し。

天正 13(1585)年　豊臣秀吉の紀州侵攻。北山川筋にも戦闘あり。

天正 14(1586)年　藤堂高虎、羽田長門守、北山川流域より京都東山大仏殿の建設用材を集める。

天正 17(1589)年　豊臣秀長秀長軍北山掃討終了。西山郷赤木村に藤堂高虎、北山一帯の押えのために築城する。

天正 18(1590)年　豊臣秀吉の全国統一。西山郷などの検地を行う。

慶長 5(1600)年　浅野幸長、紀伊国 37 万石に封ず。

慶長 6(1601)年　浅野幸長、紀伊国の検地を行う(慶長検地)。

慶長 8(1603)年　徳川家康将軍となり、江戸幕府を開く。

慶長 13(1608)年　藤堂高虎、伊賀、伊勢で 10 万石加封。伊与国から津に入る。

慶長 14(1609)年　将軍秀忠の命で名古屋城修築用の金属入手のためか、成川、那智、北山、小森などで鉱山採掘。

慶長 19(1614)年　北山一揆、北山川流域の 32 ヶ村の 3000 余人、新宮城を攻めて敗走。
敗走者の処分が翌年あり、この中に平谷、丸山など紀和町の村人や女子一族の名がある。

元和 5(1619)年　国替え。浅野氏、和歌山より広島へ移封。徳川頼宣、駿河より和歌山へ移封。

元和 6(1620)年　知行割替により新宮領の入鹿組 9 ヶ村、北山組 8 ヶ村は紀州本藩領になる。

明治 4(1871)年　廃藩置県

明治 5(1872)年　学制発布。徴兵令制定。

明治 6(1873)年　地租改正条例公布。この頃より村内子弟のための学校、村の寺などを借り、続々開講する。

明治 11(1878)年　行政区域の変更始まる。

明治 22(1889)年　大日本帝国憲法発布。東海道線全線開通。
熊野川流域、8 月 17、18 日に前代未聞の大豪雨・大洪水あり、通称、十津川崩れといった。
町村制により西山村、入鹿村、上川村となる。

昭和 30(1955)年　三村合併して紀和町となる。

昭和 30 年代　ダムの完成と流下数の減少。

丸山町史関連年表

残っているのである。

紀和町周辺の鉱山の草創は、かなりの古さである。奈良の大仏建立に使われた銅の産出地説があるほどに、古代、中世の伝承が色濃く残っているが、実際の場所は特定できていない。鉄鉱石も板屋川の中流域で産出し、中世の頃には入鹿《いるか》の刀工が活躍して盛んに刀剣を生産していたという。紀和町の地下は銅、銀、錫《すず》、鉛、鉄といった鉱脈の宝庫だったのである。

西山地区に目を移してみよう。

赤木村のはずれに城址がある。丘といってよいほど低い山の上に石垣がぐるりと残っている。下の登り口に当たる周囲の平地には鍛《か》冶《じ》屋敷などの館が配置されている。発掘の成果をもとに現在、復原整備中である。説明書きによれば、この国史跡は小規模であるが山城✦4と平城の混合したもので、初期の平城の様相を示しているという。築城年代は天正一七（一五八九）年、藤堂高虎✦5によって築かれたものだという。

平地にある防備の薄い鍛冶屋敷では何をつくっていたのだろうか。おそらく農具ではないだろう。山間の西山地区の耕地面積は多いとはいえず、生産額は高が知れているので城をつくるほどのものではあるまい。鑿《のみ》や鏨《たがね》だとすれば鉱山用か、大鋸《おおのこ》や鉈《なた》などだとすると山林の巨木ねらいか、いずれにしても城に鍛冶屋敷をつくるほどの生産的魅力が中世後期から西山地区にはあったことになる。しかし城はそう長くは続いていないので、西山地区の拠点としての魅力は江戸時代早々に失せたことになるが、この頃、村々では賑やかな暮らしが成立していたらしい。

■中世の時代の村々

中世の頃、西山の集落の様子はどんなであったろうか。知りたくなるが、今のところ手がかりとなる史料は少ない。

『紀和町史』の年表を拾い読みしてみる。町史年表は中世に入ると具体的になる。熊野別当《べっとう》✦6や郷士✦7の盛衰、入鹿の刀工、鉱山の動き、北山での挙兵と合戦、大風・大雨、洪水、検地などの記載があり、紀和町周辺の動きも伝えている。

ここでいう郷士とは山間部の郷村に定住し農林業を行いながら活躍した発生期の、しか

✦4
山城は山の頂近くに石垣などで城を築いたもので、中世の築城方式の一つである。全国にたくさんつくられ、尾根を生かして土塁や空堀をつくり、平地の館まで連続させた大規模なものがあった。
中世も末期近くになり、鉄砲などが伝来すると戦闘方式が変わり、平地に城を築くようになる。これを平城といい、黒鍬という築城専用の鍬で造成し、堀や石垣をめぐらして本丸、二の丸などを築く近世の城下町に平城は発達していく。
平城が多くなるのは田畑や住民、街道や港湾といった交通の要所を支配する機能が不可欠になったからで、城下町は近世、近代を通して大都市に成長したものが少なくない。

✦5
戦国時代の武将。近江出身で浅井氏に仕えて頭角を現し、豊臣秀吉に重用され、戦乱の中で活躍した。大阪夏の陣では徳川方につき、家康に重く用いられ、伊勢の津で二二万石を加増され、三二万五〇〇〇石の城持ち大名となった。

も熊野の信仰と結びついた侍たちのことであろう。十津川を含め、この一帯の郷士は吾妻鏡、保元物語などにも登場し、源平の動乱や都の動きに呼応する強者たちであった。

　この時代の日本には浄土宗、臨済宗、真宗、曹洞宗、日蓮宗、時宗と六つの新仏教が誕生し、鎌倉幕府が成立している。承久三（一二二一）年に熊野の別当衰弱などとあるのは、熊野の地域にも時代の変革の波が押し寄せたためであろう。

　同時代の丸山は入鹿荘に、西山地区は西山郷の中にある。[8]この時代、西山郷は北山川の中流域にまとまった一〇数カ村ほどからなっていたと思われるので、郷の範囲は広大であった。現在の西山地区の四つの村である小森、平谷、長尾、赤木は、この時代、西山郷の南端域であったらしい。つまり現在と同じ山裾や川筋の谷合いの地に、村々が中世初めという古い時代からあったのである。しかもこれは文献上の登場であるから、実際の村々の草創はさらに以前と想定できる。村々の成立は驚くほどさかのぼる可能性を秘めている。

　町史年表の中世後半はさらに合戦が多く、大風・大雨など記載内容は賑やかである。そして郷士の活動も活発で、都の動きを反映し、南北朝、応仁の乱などに参戦している。近世初頭の動きはさらに急となる。

　その後も、年表のできごとはさらに多くなる。紀和町の各所で鉱山の稼業があり、鉱山による鉱害発生、炭焼き問題、寺社造営、御林《おはやし》の決定[9]や山論《さんろん》[10]などがある。そして大風、大雨、大水や洪水による大船四八隻大破、木材六八〇〇本流失など、生業・生活に関連する記録は詳細となるが、合戦、一揆の記録は絶えていた。

　ところで元和六（一六二〇）年に紀州本藩領に入った入鹿組には、板屋川流域の丸山とともに、西山郷に入っていた山裾の三カ村、平谷、長尾、赤木なども加わっている。中世以来の西山郷を三つに解体し、幕府直轄領（十津川など）、紀州藩と支藩格の新宮領がそれぞれ領有したようである。北山一揆（一六一四年）の後遺症であろうか。しかし近世を通して支配は継続的ではなかったらしく、紀州藩と領の間を動いている。かつ組の区分も複雑で時期により移動し、飛び地もあり、わかりにくい。この理由は定かにはなっていないが、点々とある鉱山、材木や山産物、川運などの

✦6
別当は本職以外の別の職務を担当する意味に使われたが、中世になると鎌倉幕府の政所や侍所の長官を指した。今日の県知事に相当する役職を指す。ここでの意味は熊野一帯を領有統治する領主的働きをした熊野三山の僧職をいう。承久の乱で院方について勢力を弱め、その後この力は断絶していく。

✦7
江戸時代に地方の郷村に定住し、武士の資格を持ちつつ、それ以外の職をもった階級の総称。熊野での郷士の意味は、古代の天皇家に関わるもので、皇位継承の争いをめぐって吉野に隠遁し、吉野方の兵として動いた伝承をもつ草創期の侍のこと。中世末に一揆で活躍する丸山や西山地区を含む北山一帯の郷士は、林業などに活躍する荒ぶる地侍の香りがする。

✦8
郷、荘ともに行政区分の単位である。郷は奈良時代の七五一年に定められた郷里制によるもので、古くは国、郡、里の三区分であったものを、国、郡、郷に改称した。つまり郷は古代の村名と見たらよい。中世になると区分は国、郡までは同じだが、郡内は荘、院、保、村などに細かく分かれるようになり、その分独立性の高い村々が育っていった。

利権によるのだろうか。板屋川の流域の村々でさえ幕末には隣村であっても藩も組も異なる状態となったときもある。明治時代に入ると行政区域の整理統合が行われ、だんだん現在の姿に近づいていく。

■■大洪水と村の再生

明治二二（一八八九）年には熊野川流域で前代未聞の大洪水が発生している。世にいう「十津川崩れ」である。

「八月一八日から降り出した豪雨は一九日には滝のようになり大洪水となる。十津川筋が特にひどく、大小の山崩れ二四七カ所、山崩れで生じた湖五三カ所が発生した。やがて湖をつくった土砂が雨とともに決壊し、流域の民家の大半が流失した。

もともと十津川の峡谷はきわめて深く断崖となっていて、村々はその上の加耕可能な傾斜地にあったというから、これらの民家や村が流されたか、水没したことになる。この洪水により峡谷は埋まり、どんなに少なくみても川床は三〇メートル以上も上がったといわれている。

熊野の山々は古くは雑木山であったものを少しずつ杉を植え、その杉山を中心にして、みな山仕事をして暮らしていた。（いずれもが専門職であるが）船材や建材として使うため山で杉を育て、伐採、製材、運搬をする。また（灘などの酒蔵で使う）酒造用の桶樽の素材✦11である樽丸をつくり、あるいは割り板や杉皮取り、曲げ物や杓子など刳《く》り物つくりなどで生活を立ててきた。

しかし、それらの全てが流失し、人の住むところでなくなり、過半の村民は北海道へ渡り新十津川村を開くことになった。残った村民も新しく土地を開き、また山に杉を植え、もう一度人の住める世界にしていったのである。

雨の降るたびに河川への崩落は今もつづいていて、土砂は下流に運ばれ河口の新宮の港の価値も埋めていったのである。

以前はともに清冽さを競っていたはずの川であるが、この時以来、十津川筋は赤く濁り川幅の広く浅い川となり、北山川筋は澄む川となった。」（括弧内著者註）

以上は民俗学者、宮本常一の『十津川風景』、『吉野西奥民俗採訪録』などからの抜粋要約である。宮本はこの惨事を淡々と報告してい

✦9
江戸時代の幕府や藩の定めた直轄林

✦10
江戸時代の山や原野などの境界とその利用をめぐっての村落間の紛争のこと。山は往々にして境界が厳密でなかったため、山の利用をめぐって争うことが全国で多発し、領主に訴え奉行所の判決によって山論は決定したが、ずいぶん長期に争うことも多かった。

✦11
灘は江戸時代に盛んとなった酒造地帯で、大消費地である江戸に、盛んに日本酒を送り込んだため、酒樽は必須の容器となり、大量につくられた。酒造用の桶、樽を含めて膨大な使用量となったが、この桶、樽の原材料、杉の供給地が熊野一帯であった。船材も桶、樽と同じように山での職業は専門分化した職業として成立していた。

るが、私たちは宮本の次の大切な指摘を見落としてはならない。

すなわち山の資源を活用するための定住の基本条件は、集落と耕地を開拓することであり、そのすべてを失うと移住したということである。それではこの地域に住む人々にとって、山の資源や定住するために必要だったものは何であったのか、以下の項で具体的に追ってゆくことにしよう。

■■ 丸山の変遷を空から見る

今日の丸山周辺を歩いてみると、山は坊主に近いところ、放棄されているところ、植林が進むところと場所によってバラバラであり、村人は高齢者ばかりが目立つ。仕事がないため現在働き盛りは村にはいない。このため耕地も山もこうした使い方になっていると聞いた。山の使い方は時代によって激変するものらしい。丸山や西山地区の山の変遷を空から眺めてみよう。そのために三枚の航空写真を用意した。

一枚目の写真は戦後間もない昭和二二（一九四七）年に極東米軍によって撮影されたものである。二枚目の写真は米軍の撮影から一九年後の昭和四一年に撮影されたものである。やや粗いが西山地区の姿が写っている。田の形や民家の姿も鮮明である。昭和四一年といえば、日本が高度成長期に入り始めた時期である。村にも活気がまだあったはずである。三枚目の写真はさらに一〇年後のもの。収穫を終えた田の中に稲ハザが丸く並んでいるのが見える。

航空写真を見ていると、確かにこの地域が村を拓きやすい山裾《やますそ》であることに気付く。地形は南西に向かって下っている。集落は分水嶺から山裾まで小川の流れを軸にして山地、草地、畑、集落、水田と使い分けていて、これが村の領域となっている。

いずれの村でも集落の下に水田が並ぶこと、つまり村人が常に水田や耕地を眺められることが大切なのである。これが耕地開拓の手法であり、耕地の運営を楽にした。

白倉山を背に眼下に矢倉川《やぐらがわ》を望む傾斜地を耕地とした集落として丸山は成立しているが、背後にある山林域は広大であり、集落と耕地の範囲は小さなものに見える。

戦後すぐの米軍撮影の写真と昭和四一年の

左／極東米軍撮影による丸山・西山地区の航空写真。昭和二二（一九四七）年一一月撮影。国土地理院提供。右端が丸山の集落、順に西山地区の赤木、長尾、平谷が山裾に並び、左下に蛇行する北山川が見える。①北山川、②丸山、③赤木、④長尾、⑤平谷、⑥白倉山、⑦玉置山、⑧大人平山

写真にある山々を見比べてみると、昭和四一年には道路が格段によくなっていて、林道も山に深く入り込んでいる。車の時代になり外部との交流も開発も進んでいたのである。材木も筏《いかだ》で川を下る流送からトラック輸送に変わったのである。この林道や道路は主として昭和三〇年代以降につくられたもので、ダムの建設資材運搬と筏流しの代替用の道として先に道路が整備され、次にダム工事の電源開発が行われた。道路整備と電源開発がセットになって進行した結果を航空写真から見ることができるのである。

■■ 熊野川流域と山の生産力

戦後にダムができるまで熊野川や流域の山はどんな様子だったのだろうか。

熊野川の流域面積は十津川筋約一〇・六万ヘクタール、北山川筋八・二万ヘクタール、熊野川本流域五・二万ヘクタールである。この合計二四万ヘクタールは東京都の面積より二万ヘクタールほど広い。

熊野川が一年間で運んだ木材の本数（筏流しによる流下数）の資料が残っている。昭和三

❶
2
3
4
5
6
7
0
100m
N

右頁／国土地理院による丸山・西山地区の航空写真。
昭和 41（1966）年 9 月撮影。
下／国土地理院による丸山地区の航空写真。
昭和 51（1976）年 9 月撮影。
①白倉山山頂付近、②草地→藪、③丸山川上流、④熊野古道、
⑤新宮北山街道、⑥矢倉川（板屋川枝流）、⑦丸山神社

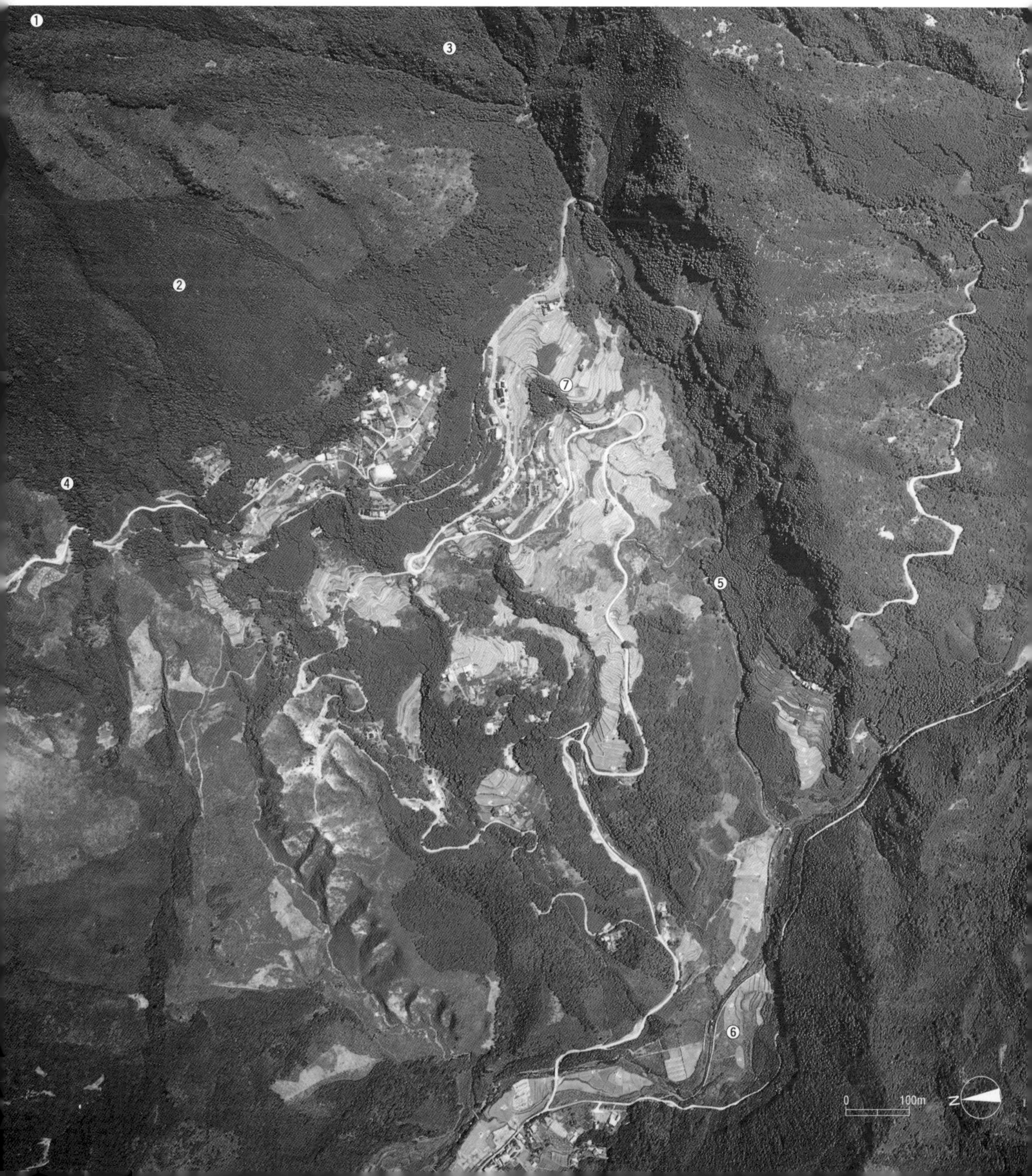

一（一九五六）年のデータである。

十津川筋材　三〇・四万石
北山川筋材　六・七万石
和歌山県材　一六・三万石
三重県材　四・二万石

合計五七・六万石となる。これを立木の本数に概算してみよう。一石は〇・二七八立方メートルだから仮に直径三〇センチメートル、長さ五メートル前後の木材（約一・二七石）が流送された建築用材とすると、この年、熊野川全体を筏で流された材木は約四五万三〇〇〇本となる。このうち丸山のある北山川筋の分は五万三〇〇〇本余りとなる。この五万三〇〇〇本余りの立木で三〇坪の住宅を建てると約六四〇軒分に相当する。[✦12] 熊野川流域全体では約五五〇〇軒分となる。

単年度の資料だけでは正確さに欠けるので、次に大正から昭和戦前期一七年間の木材流下数を見ることにしよう。下表のように、この一七年間で熊野川は総計一一九九万石を運んでいる。内訳は十津川筋が五一二万石、北山川筋が六八六万石である。

流域面積が広い十津川筋が北山川筋の流下数よりかなり少ない。明治二二年に大洪水が

年代	北山川	十津川	計
大正 10	172,947		172,947
大正 11	184,732	97,677	282,409
大正 12	512,207	400,860	913,067
大正 13	454,308	264,573	718,881
大正 14	119,798	30,350	150,148
大正 15	211,975	125,644	337,619
昭和 2	583,370	119,420	702,790
昭和 3	359,739	305,572	665,311
昭和 4	403,631	349,382	753,013
昭和 5	374,774	296,978	671,752
昭和 6	370,547	323,904	694,451
昭和 7	445,150	419,440	864,590
昭和 8	488,822	440,351	929,173
昭和 9	572,022	168,469	740,491
昭和 10	787,493	509,889	1,297,382
昭和 11	439,116	701,391	1,140,507
昭和 12	387,348	570,091	957,439
計	6,867,979	5,123,991	11,991,970

熊野川流域での木材の流下数の推移（単位：石）
（荻野敏雄『戦前期における新宮村経済史』より）

✦12 一軒の木造住宅で坪当たり三・五石の木を使うと想定すると、三〇坪の家では約一〇五石必用となる。この数で北山川筋材の産出量六・七万石を割ると約六四〇軒という数字になる。

あり、大正期からは索道[13]で北へ山越えさせ、材木を五条、奈良方面へ出荷しているので、そのことが少ない理由かもしれない。いずれにしても十津川筋の流下数は年度によって差がありすぎる。それに比べ北山川筋のほうが山々からの伐木、流下数が一七四万石分ほど高かめであり、生産力のある時代が続いていたのである。

大正一二（一九二三）年に飛び抜けて大量の流下数を記録している。十津川筋四〇万石、北山川筋五一万石、合計九一万石となるが、これは同年九月に起きた関東大震災の復興需要が原因である。それでは昭和七―一一（一九三二―三六）年頃の八〇万、九〇万、一〇〇万石という流下数の大増加の原因は何であろうか。この時代、日本は日中戦争へと突入していく騒然とした時代であり、昭和恐慌の時代であった。室戸台風や三陸に大津波もあった。熊野の流域では材木の価格が大正末年の四分の一にまで下がっていた。米価も繭《まゆ》価も大暴落と町史は記録している。先の流下数の増加はこの動きに関連しての苦しまぎれの数字であり、出荷増だったのである。

増加にしても減少にしても、いずれをとっても日本という国の大事件に絡んでいたのが木材の需要であった。山深い丸山や西山地区の村も都市や町の需要と深く結びついた存在だったのである。

戦中、戦後のある時期まで山は乱伐時代が続いていたはずであるが、残念なことにデータが不揃《ぞろ》いで明らかでない。昭和二五（一九五〇）年からの熊野川の流下数の記録がある。

昭和二五―二八年　七〇―八〇万石台
昭和二九―三〇年　五〇万石台
昭和三一―三二年　四〇万石台
昭和三三年　二五万石台
昭和三四年　一四万石台

戦後、流下数は下がり続けるが、この時期、山に木がなくなったわけではなかった。北山川筋で昭和三〇年に林道が拓かれ、陸運が始まると、熊野の川への流下数（筏流し）が急速に減少するのである。

昭和三〇年代末に北山川の中流域に小森、七色などのダムが完成する。十津川筋でも同じことが起こって、昭和三四年には五条と新宮の間に国道が開通する。以後、道路が材木を運ぶことになっていく。

ダムが完成すると材木の川流しはなくなっ

✦13 ワイヤーロープを山から山へ架け渡し、動力でロープを動かして木材を運搬する方法。それまでは人力で運搬したため、熊野は山が深く、最奥にある森林域は良木があっても運び出せないことが多かった。

熊野杉

た。紀伊半島の山奥からトラックで需要先である京阪地区、名古屋などへ直接、山道や峠を越え、陸路で運ぶルート網が完成したのである。ダムで発電される電気も大半が都市や町へ送られるものであった。

■■戦後の村の激変

話を航空写真に、また戻すことにする。

昭和二二年と四一年の航空写真をよく見ると、四一年の写真は道が拓かれた分だけ山には木がなくなっていて、皆伐地が増えている。幼木ばかりの山が目立っているのは伐木量が増え、そこに植林が進んでいるためであろう。戦中・戦後の乱伐時代の反省からの山の緑の取り戻しであるが、これはパルプ材を得るための伐り方であり、企業的林業家が参加しての木材利用である。

林業家と提携した山間の村人は、熊野に伐るほどの木材がなくなると、全国の山を歩くようになる。山人の出稼ぎである。

この頃から日本の燃料はガス、灯油、電気になり、薪《たきぎ》や炭は不要になっていく。そして石油の化学合成品であるプラスチックが登場し、曲げ物や刳り物、樽丸や船材も次第に不必要なものとなったのである。

戦後五〇余年、今山間を歩いてみると、大きく育った山もあるが、林は皆ひょろひょろという山も多い。間伐をし、大きく育林したいが、伐りたくても伐れない時代となっていた。国内材は輸入材に価格で大きく負けているのである。こうして山に生きるための仕事の大半は消滅していくかに見える状態となった。しかし部分的にでも植林は進んでいるので山は育っていると見てよいのだろうか。雑木林になる部分もあるので原始に戻っていると見るべきなのだろうか。山の生産力のありさまが気がかりである。

航空写真に写る村々の草地は、昭和四一年には減っていて面積の半分ほどが藪《やぶ》に戻っているように見える。これは化学肥料が普及し、草、葉を原料とした堆肥などの自家製の肥料づくりが不要なったからであろう。残された半分ほどの草地の利用は、牛の飼料として使うためだろうか。道から遠い孤立した日陰の田畑も耕作には不便なため放棄されつつあるようだ。これも藪に戻っているところがある。山も耕地も使い方が変化し、価値観も大きく変わる時代がこの頃から始まるのである。『紀和町史』の年表によると、簡易水道の整備が昭和四〇年代初期には盛んである。西山地区の生活近代化の足音は、この頃から響きを強める。この時期、都会は高度成長期に沸き、村の若者の都会流出が始まっていった。

次に、丸山周辺の昭和四一年と昭和五一年の姿を比較してみよう。ともに九月秋の撮影である。山の木は道路沿いの山が皆伐されているが、さほどの面積ではない。奥山の緑が濃くなっているのは、ほったらかしのまま育っている状態であろうか。草地は村人の手で完全に林に戻されている。村で牛を飼う人はもういないのであろう。林の半分は成木となったのであろうか、昭和五一年の写真では伐られている。植林されてから三、四〇年生ほどになった樹木から売り出されていた。

昭和四一年の写真では熊野古道、北山新宮街道ともにまだ使われているようで細くつながっているが、一〇年後の写真では樹に埋もれ切れ切れになり、よく見えない。昭和四五年には万博が始まり、カラーテレビや自家用車が全国に普及中であった。山岳信仰の登拝巡礼も廃《すた》れたのか、団体バス旅行などで直接、本宮などに行くようになった。新しいレジャー時代が到来していたのである。

昭和五〇年の写真では村の道幅も広くなりはっきりと道路が見える。車の時代になったのである。道路整備が進み、丸山の耕地を川下から上る道が新設されている。棚田を削ってできた車道であり、この道から棚田や村のどの家にも車が入れるように整備された。

棚田は丸山川や沢沿いの下流部分が完全に放棄されている。日当たりが悪く、家から遠く手間のかかるたんぼなのだろう。減反は昭和四五年から始まったので、この中にそれらのたんぼが含まれているはずである。

屋敷まわりが雑木で覆われ、家がはっきり見えない家がある。住み手がいなくなった家なのか、あるいはかなり長期にわたる高齢者の一人住まいの家だろうか。

こうして各時代の航空写真を比較してみると、現代になるほど山村の道はよくなり生活は近代化して、何もかもが便利になっていった様子が手に取るようにわかる。この体験は山の村始まって以来のものであろうが、定住の地としての姿は、逆に縮んでいくように私たちには見えてきた。

丸山の暮らしはどんな特徴をもっていたのだろう

大雨と大風が生んだ屋敷構え

■定住するための備え

熊野川流域は日本一の豪雨地帯にあり、梅雨、台風と大雨の連続する地である。毎年、大雨のたびに川は激しく増水し、熊野の川岸は村を形成する余地がきわめて少ない。適地は支流、さらには細流の地であり、最適の地は古くから水捌《は》けのよい源流に近い山裾だった。この山裾に丸山や西山地区はあり、古い時代から集落を形成してきたのである。

西山地区や丸山の風景を眺めているとわかるのだが、風や雲が下から湧いたり、遠くの峰まで見渡せたりして、村ごと宙に浮いた気分になる。この一帯に吹くさわやかな風、雨は心地よいものであるが、季節ごとに、強く湧き上がる雲と霧、横から吹きつける強い風雨に、この地の人々は身を隠すところがない。

定住するには水捌けのよさや民家の耐久性が重要な役目をもつことになる。そこで独特の工夫が加えられ、備えとしての風景が誕生してくる。それは石垣囲いの耕地や屋敷構えであり、また民家の屋根仕様、構造など、たくさんの技術と素材が活用され、強固で簡素な姿に結実したのである。

■石垣に囲まれた屋敷構え

丸山の村の景観の特徴は、家、畑と水田、寺社、共同墓地、道などのすべてが石垣積みの上にあることである。大雨・大風などに対する石垣による維持と排水、そして防備が、

山の中腹に広がる丸山の集落

石垣と民家

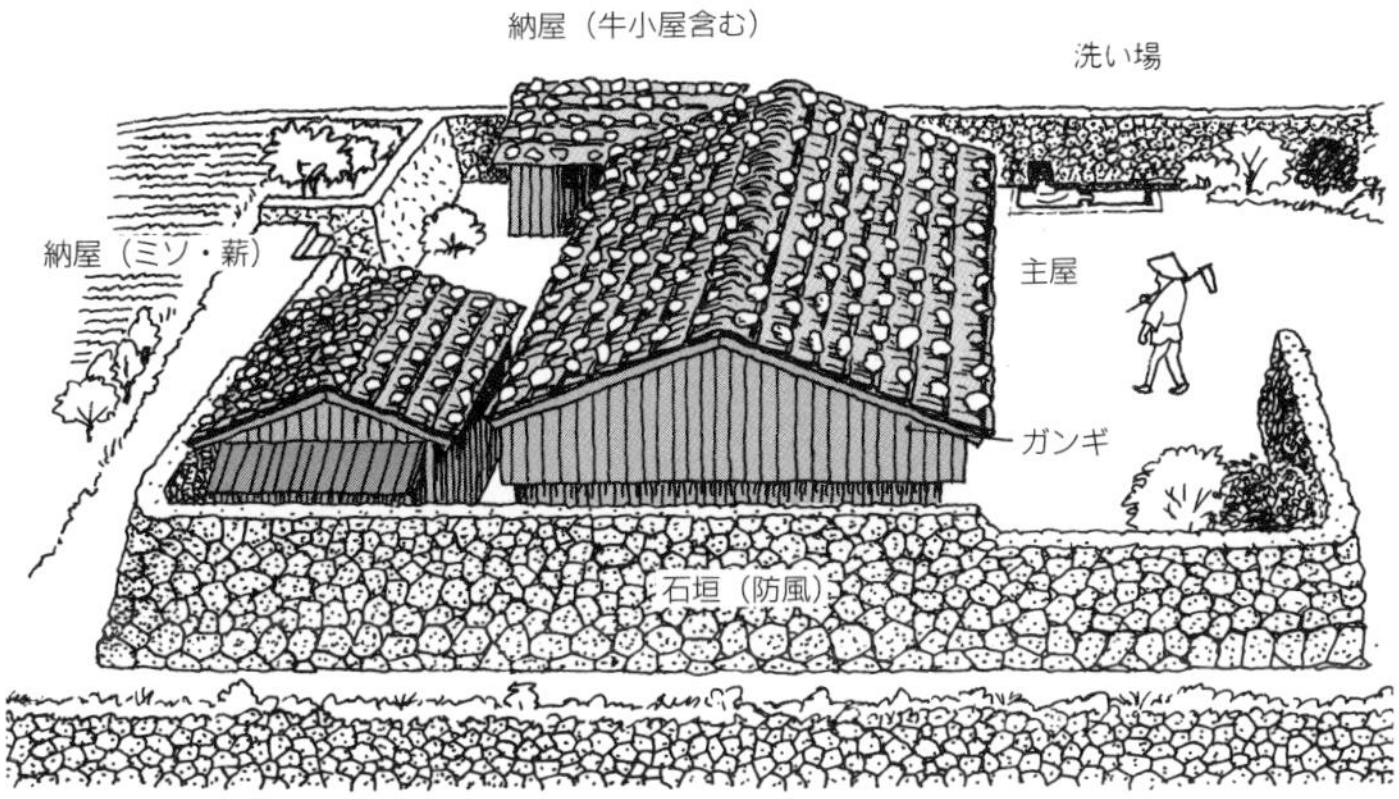

石垣と民家のたたずまい（紀和町長尾）

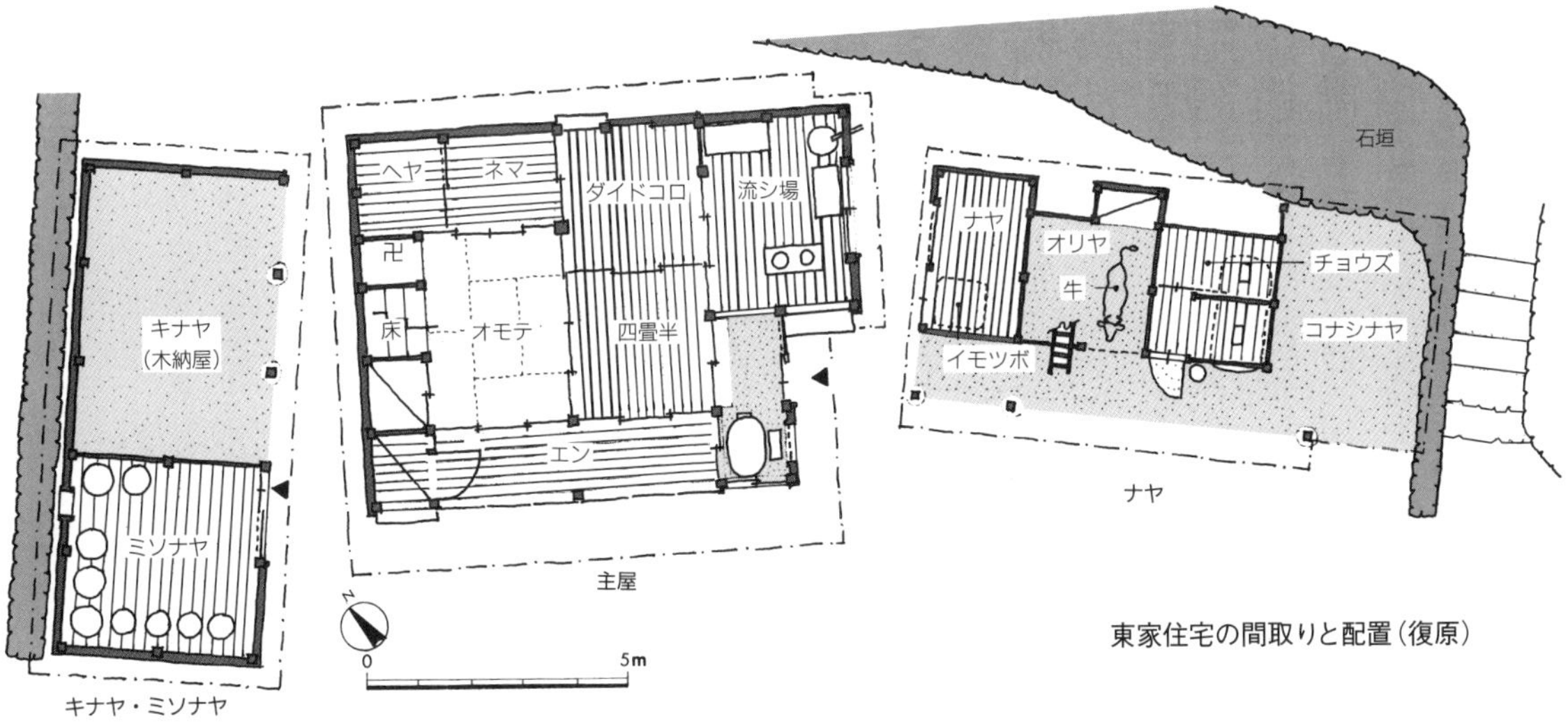

東家住宅の間取りと配置（復原）

民家は石垣に沿って、主屋、納屋、付属屋が並ぶ。建物が小ぶりなのは温暖な地域で平地が少ないためである。雛壇の造成と石垣組みは集落、畑、たんぼを含んで構成されている。

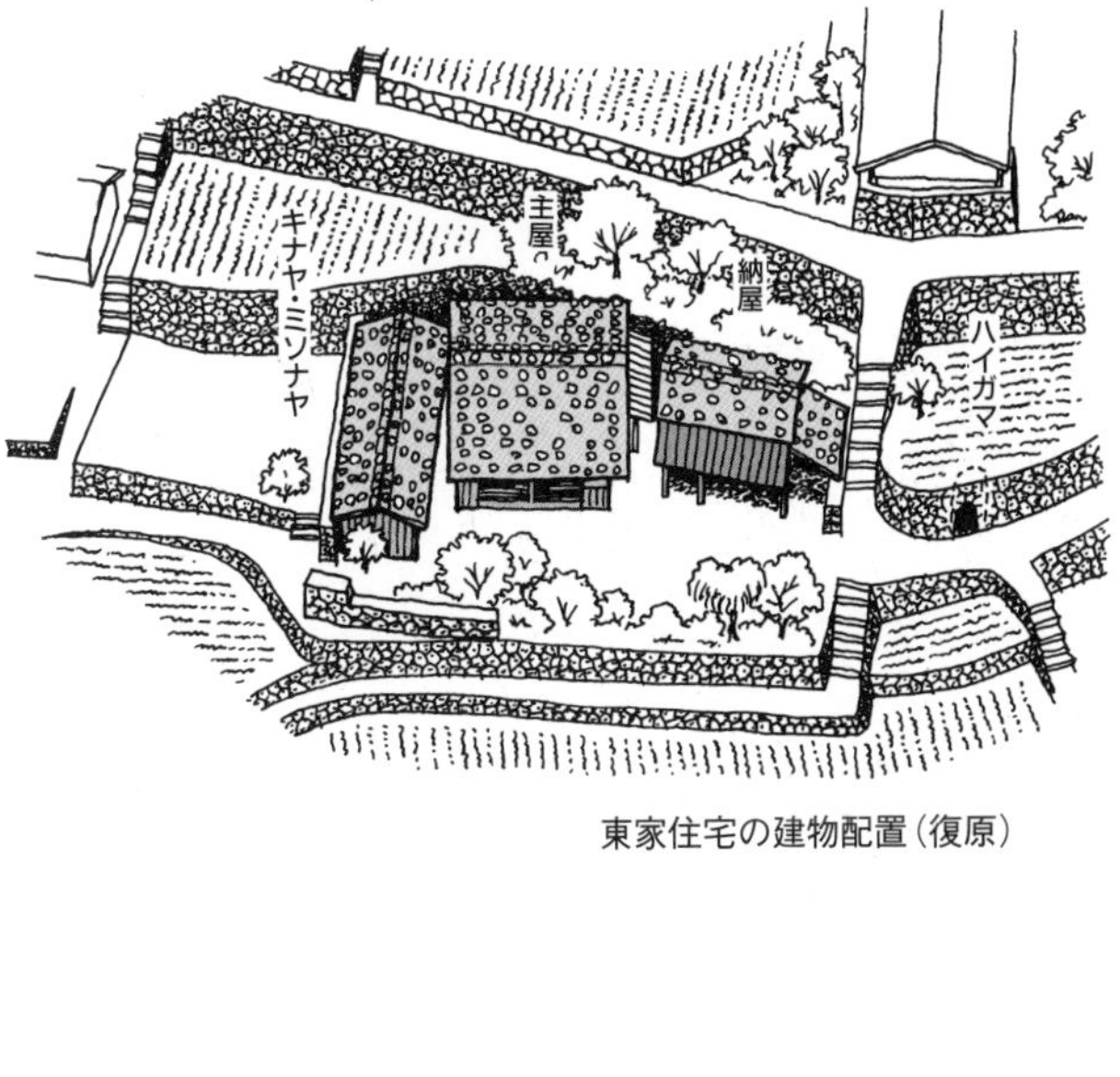

東家住宅の建物配置（復原）

強烈な景観の印象を与えるのである。

村のまわりには竹林や有用林からなる防風、土止め用の林がとりまいている。✦1 茶畑、柿の木も家の近くに多いことに気付く。強い風雨に対しては民家は山や斜地に張り付き、地面に埋まったように見える状態がよい。さらには木立を周囲に配すると、快適な敷地となって具合がよかった。

建物が小ぶりなのは、温暖の地で冬でも屋外の作業ができたことと、平地が少ないためである。大きな建物は寺しかない。伝統的な家屋は、低めの切妻屋根の建物が圧倒的に多い。民家の高さは家の後ろ斜面の高さ程度がちょうどよいようだ。一戸の家で建物を主屋、納屋、付属屋と数棟に分け、等高線に沿って雁行《がんこう》させているのは、斜面を削ってつくった敷地の狭さを補うための配置である。

この地は雨が横からも降ってくる。横なぐりに降る雨や霧などに対応するために、丸山の民家は長い庇板《ひさしいた》を屋根尻《じり》から下げ、軒先や妻壁を守っている。✦2 さらに下から吹き上げる風雨がある場所では、民家の軒先の高さまで石垣塀を持ち上げている。こうして石垣の囲みの中に小さなニワを設け、風に負けない野外の作業場とする。そして小ぶりの主屋、納屋、付属屋が棟を並べる。これがこの地方の屋敷構えの特徴なのである。

■■大風・大雨に負けない屋根の工夫

現在の丸山の民家の屋根は、瓦葺き、納屋はトタン葺きとなっているが、これは道路がよくなり、重い瓦やトタンを大量に運べるようになってからである。それまでは屋根といえば石置き杉皮葺きであった。割った木の板を葺く木羽《こば》屋根は、ソギ葺きといい、明治以前は使っていたが、檜や杉の良質な部分である赤味を使うので、板が高価になると産地でありながらも以後は安価な石置き杉皮葺きが多くなったという。

丸山では藁《わら》は屋根材には使用されていない。藁屋根は耐久性がないこともあったが、葺くほど大量の藁が田から自給できなかったであろうし、さらに堆肥やワラジ、カマス✦3など藁細工用の大切な材料だったためであろう。茅屋根も少ないという。茅《かや》も茅場を広くとる余地がなかったようである。

杉皮は材木とともに山の大切な商品だっ

✦1
丸山の棚田を見て回ると、ところどころに塩化ビニール製の給水パイプを敷いているのを見かける。これはたんぼ一枚ごとに水の過不足を解消するための仕掛けである。昔は塩ビのパイプはないので、真竹を半割にして樋として使った。竹はこの用途のほか、稲を干すためのハザギ用材、編んでは竹細工の容器、タケノコは食用にと重宝した。竹は万能に近い素材であるから必需品だった。村や屋敷のまわりには必ず竹林がある。棚田のある風景に竹林は不可欠なのである。竹の育ちにくい北のほうでは樋に何を使っていたのだろうか。木の板で樋をつくったとしても、竹よりずいぶん不便だったにちがいない。

✦2
軒先に掛ける板をマエダレ、妻壁に掛ける板をガンギといった。

✦3
昭和三〇年代にビニールやダンボールが出まわる以前は、稲藁でつくるカマスが主要な包装容器であり、運搬用品であった。このため冬場の農閑期につくるカマスやワラジ、藁縄などは農家の必需品であり、また商品として販売する産品にもなっていた。

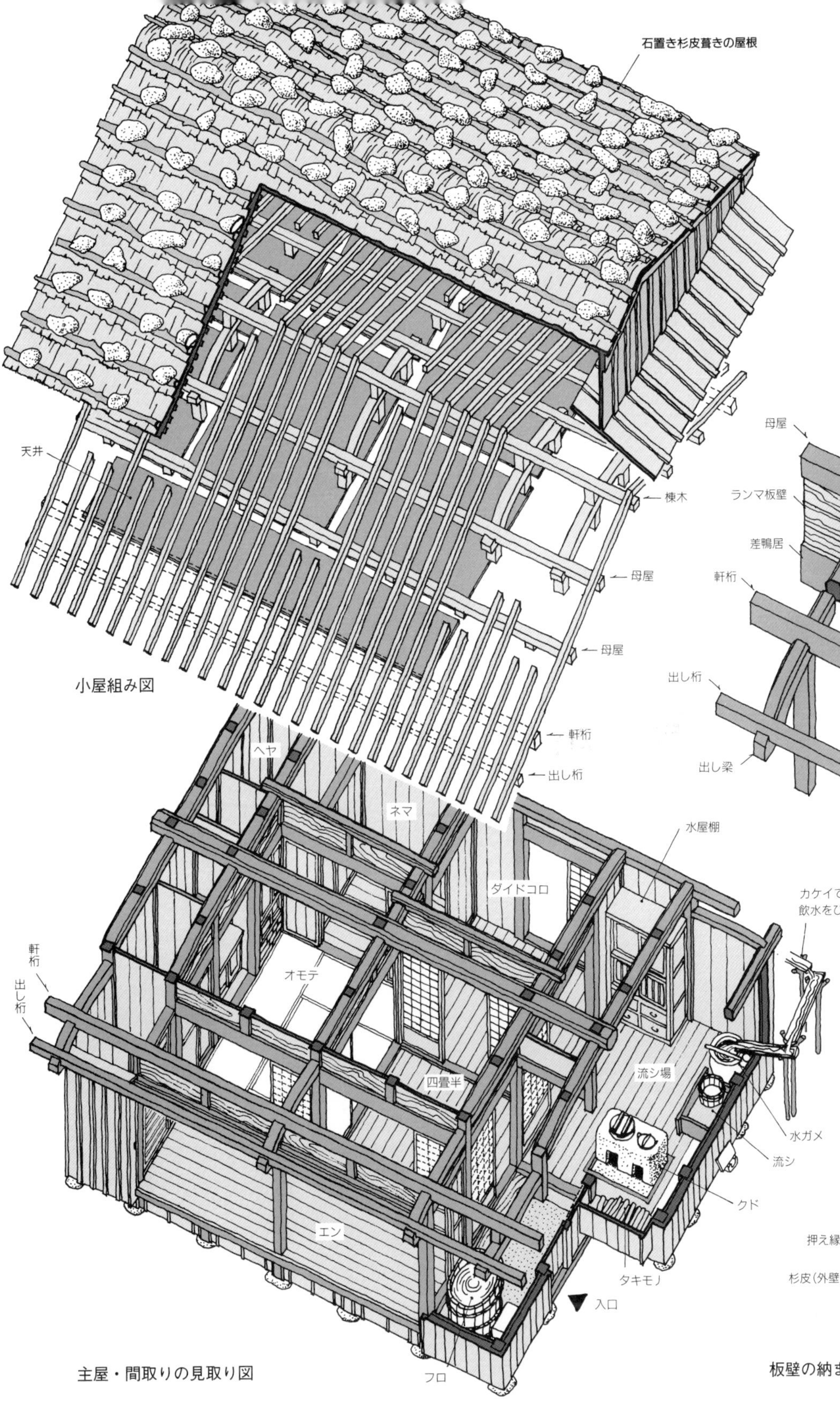

小屋組み図

主屋・間取りの見取り図

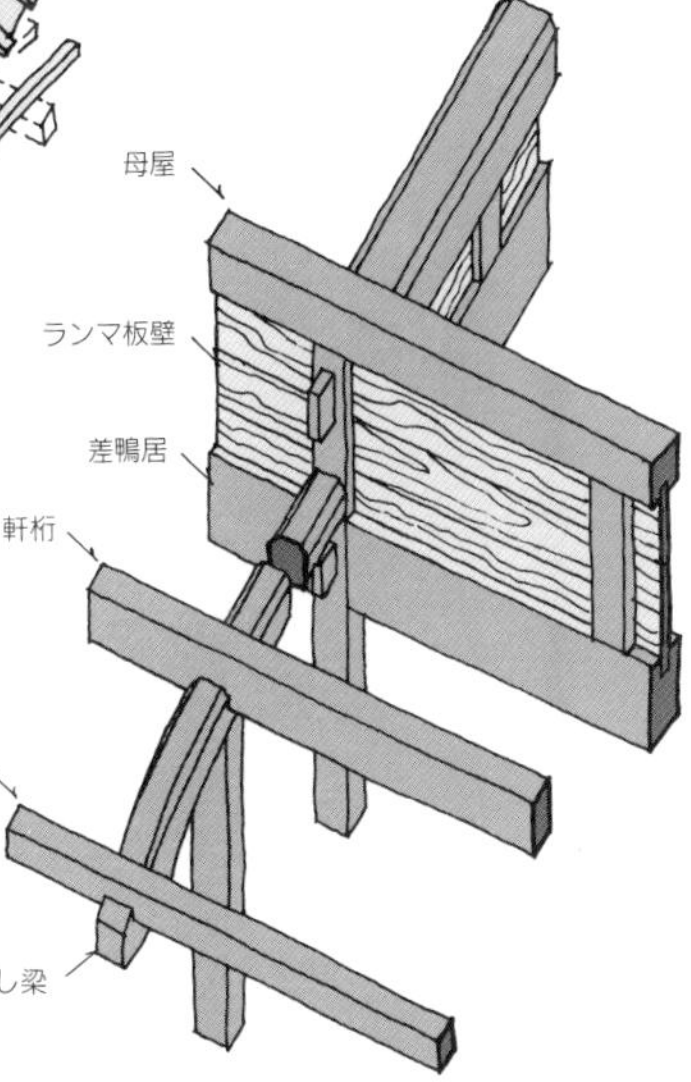

架構の詳細
（セイロウ落とし）

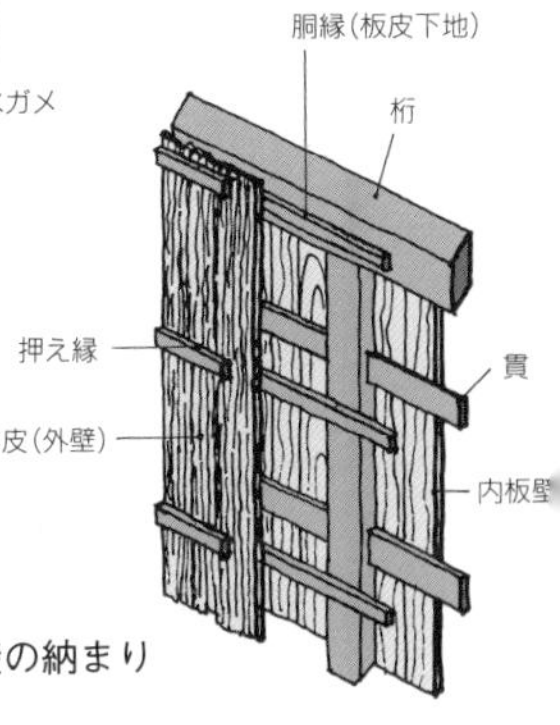

板壁の納まり

た。材木は高いが、何度もとれる杉皮は安価で大量に出荷できた。[4]杉皮一枚は長さ六尺、幅二尺余に加工する。屋根に葺くときは三枚から五枚重ねにする。石置き用の石は、一つの重さが一貫目（六キログラム）以上の大きめがよかった。大風と大雨に対抗するため石を並べて大きな重さで押さえるのである。ソギ板や杉皮は油が抜けると腐るため、一〇年おきに取り替えなければならず、大量に杉皮をつくりためて準備するのに苦労した。

　しかし、今は民家の屋根は瓦とトタンばかりになり、杉皮は村でも使い道がなく、売り物にもならなくなってしまった。

■■不動の架構

　丸山の民家は規模は小さいが、太めの材を使っている。東家住宅を見てみよう。矩《く》形に製材された梁、桁、柱は四寸強の幅がある。よく見ると、上梁と下梁の間の厚板壁は「セイロウ落とし」[5]になっていた。高さ二尺余の合成梁となっているのである。東家住宅では桁と梁で一間半ごとに格子状に合成梁が組まれ、根太天井が、これを不動の姿にしている。石置きの屋根の重さと強い風雨に耐える木材産地ならではの伝統構法である。

　東家住宅の主屋は平屋で、そこに、五・五×四間の下屋が付き、延べ約二二坪ある。エンガワと流し場は下屋を延ばしているので、常屋の梁間は三間幅となる。主屋を小さめにつくり、下屋で建物の延べ床面積を広げた民家にする。こうして便利に使い、不便なら、さらに拡張していく。このような民家のつくり方は建設費を安価にする庶民の知恵の伝統であった。復原した間取りは六室構成となっているが、これは土間だった流し場を改装して板間にしたためである。もとは五室であり、さらに以前はネマ（寝間）とヘヤ（部屋）が一つの四室構成、つまり「食い違いの四間取り」[6]であった。

■■蚕に占領された主屋

　当初の間取りで注目したいのは、板間の広さである。ダイドコロと四畳半の広めの板間は、合わせて九畳となる。これはかつて丸山で養蚕が行われていたからで、これに加えること座敷のオモテ六畳の面積が、蚕を飼うた

✦4
熊野地方は立木に登って杉皮を採取する「立ハギ」で有名な地方であった。

✦5
セイロウとは井楼と書く。構造材となる柱、梁などの両端の部分に凹をつけ、厚板を落とし込み、栓などで縫い込むように組み合わせて一体とし、耐久力のある架構材にする工法のこと。

✦6
民家の平面で四つの部屋を二部屋、二列に並べたとき、田の字型のように間仕切りが十字に通らずに、前後の間仕切り線が食い違う平面をいう。

めの必要面積となっていたのである。主屋も仕事場として使われていた。養蚕以外にも冬場の藁細工、食材の下ごしらえも主屋の板間で行われた。

蚕は孵化《ふか》させてから、桑を食べさせて一齢一眠、二齢二眠と成長させるが、蚕の牧場は大カゴという畳一枚弱ほどの藁と竹の簀《す》の子でつくったものである。この大カゴの大きさが部屋の寸法を決めていたのである。小さいときはたくさんの蚕を一枚の大カゴで飼うが、成長すると一枚当たりの蚕を少なくするので、部屋に大カゴがたくさん並ぶことになる。この効率よい並べ方と部屋の総数で繭の年間生産量がほぼ決まった。東家住宅では一五畳がその数であった。✦7 東家では畳の下の床まで鉋《かんな》がけがしてあった。これもかつて養蚕が行われたことを示しているが、養蚕の作業時に、足を痛めないための配慮である。

桑を上手にやり、掃除をし、通風と温度管理をする。家族交代での寝ずの番での作業となる。冷えれば即死である。温度を上げるため夏でも温度調節に炭火は欠かせなかった。これらの作業が、もっともうまくいく場所が主屋であり、飼育の間、主屋は蚕に占領され、家人はヘヤという四畳に雑魚寝をした。

日本の輸出品目のナンバーワンが生糸であった時代、全国の農家の大半が、こうした暮らしの中で生糸を生産していたのである。丸山の養蚕は昭和戦前期、早々に終わる。売値も下がり、村は山の上にあり冷涼なため収量は少なく、そのため盛期は短かったのである。

■納屋という仕事場

納屋は丸山で暮らすための必須の仕事場だった。納屋は一階と屋根裏からなる。一階はオリヤ（牛小屋）、イモツボ（さつまいも保存のつぼ）、チョウズ（便所）、コヤシナヤ、作業用の民具の置き場などに使い分けられていた。ハシゴで屋根裏に上がると、藁編みや大型の民具が置いてある。かつて屋根裏はムシロやカマスなどを織る女の仕事場だったのであろう。この作業は細かい作業の連続となるため、明るい日の当たる窓のそばに置いてあった。

家によっては別棟の味噌納屋、薪用の木納屋を別々に建て、主屋に雁行させているところもある。東家住宅には納屋が二棟ある。ニワ前の納屋は四×一・七間だが、これに大き

✦7
この室の面積からの収量は早春から始め、年三回の養蚕作業で一〇〇キログラムもとれれば上々だったであろう。冷涼な年には、その半分もとれないこともあったはずである。

く下屋が二カ所付属している。計八坪弱の下屋は雨降りのときなどニワでの作業をより便利にするための仕掛けである。東家住宅では木納屋と味噌納屋は一棟になっていて、二・五×五間、約一二・五坪ある。面積が広めなのは家族が多い時代に建てたものだからであり、養蚕の暖房用に薪や炭を豊富に備蓄しなければならなかったからだろう。

■■ 灰窯と肥料づくり

少し屋敷から離れたところに、石組みを窪めてつくったカマドがある。灰窯《はいがま》という。建物から離すのは火災を恐れてのことで、かつては物をここで年中燃やして肥料として灰をつくっていた。中に人一人が入れるほどの大きさである。灰窯が二基ある家も見かけたので、家ごとに灰のつくり方や肥料のやり方があるのであろう。灰窯だけでなく、納屋にある牛ゴヤ、コヤシナヤ、そして便所もすべてが肥料をつくるためのものであり、それらすべてが肥料として不可欠のものであった。

耕地に投入する肥料の三大成分は、窒素（葉へ）、リン酸（実へ）、カリ（根へ）である。納屋でつくる堆肥は窒素分を、牛や人の糞尿はリン酸分を、灰や魚肥はカリ分を耕地に補給した。カリやリン酸は水に溶けやすく、雨水に流れやすい性質があるので、多雨地帯の丸山では、そのたびに灰や糞尿を投入しなければならなかった。肥料は山のように必要だったのである。納屋の重要性はここにあった。

堆肥は野草や落ち葉、藁などを積み上げ発酵させてつくるものなので、これらの材料を山や草地などから運ぶ手間も馬鹿にならず、できた肥料を雛段の耕地へ持っていくのもたいへんだった。灰窯や納屋での肥料づくりだけでは不足して、熊野灘産の鰯粕《いわしかす》を買って田に投入しなければならないこともあった。肥料は完全には自給できなかったのである。[8]

■■ 丸山の一年の暮し

丸山の人々はどのように一年の暮らしをしていたのだろう。今となっては化学肥料の使用など村の暮らしも様変わりしているので、山での林業や土工仕事[9]が行われていた昭和戦前期の状態に復して、丸山の一年の生業暦を見てみよう。

灰窯

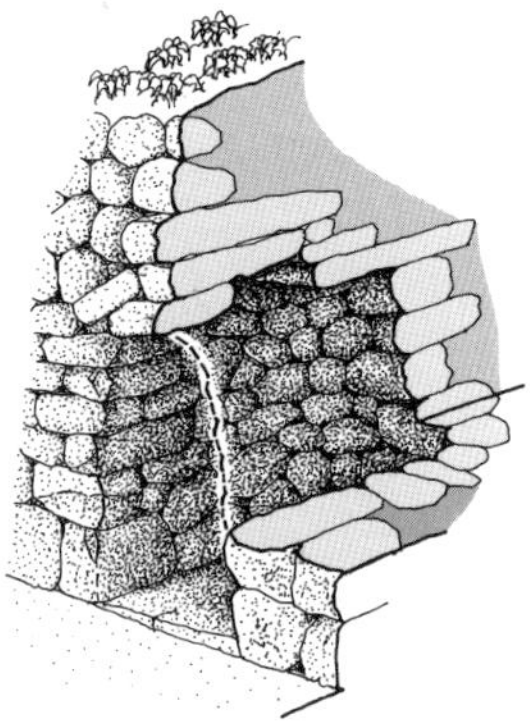
灰窯部分断面図

✦8 肥料づくりについては東京農業大学名誉教授、米安晟先生のご教示によるところが大きい。

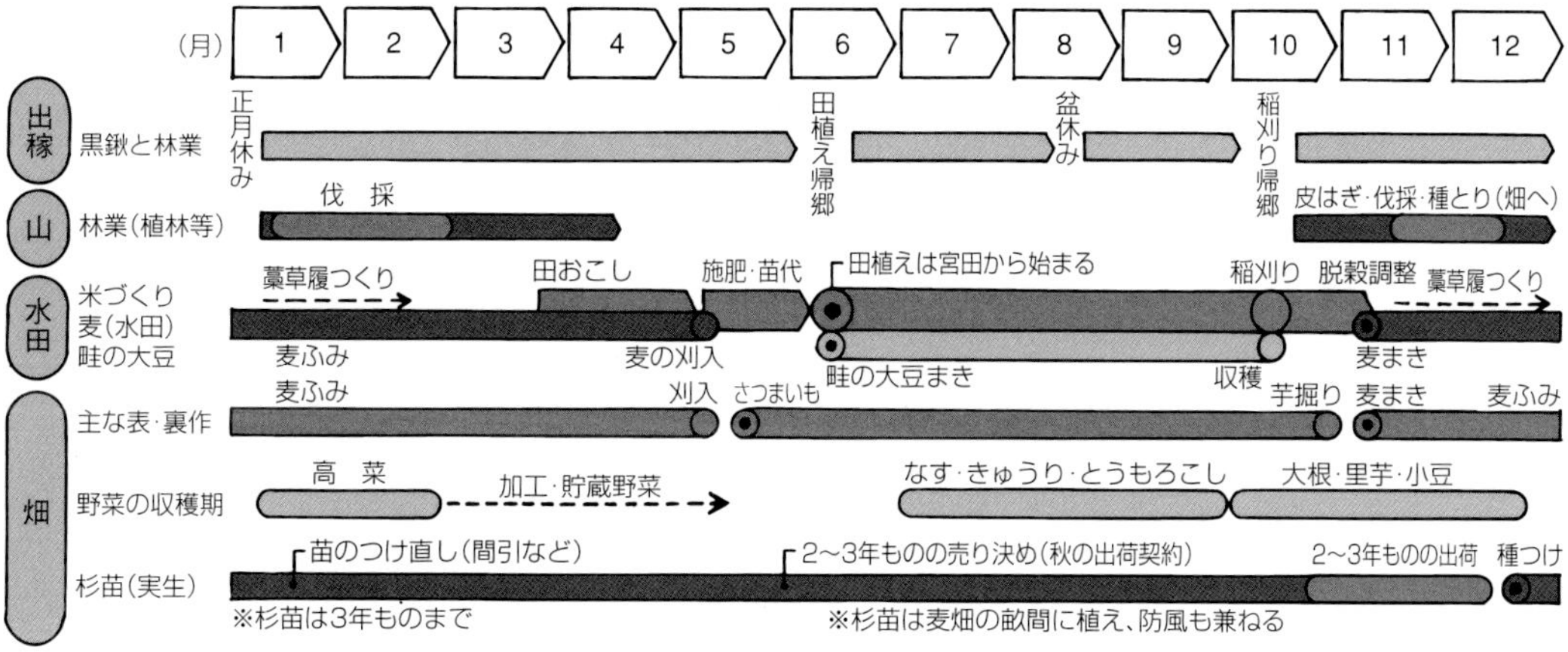

丸山の生業暦（昭和戦前期）

まず耕地の使い方であるが、棚田は米をつくった後、水を干し、畑にして秋から冬に麦をつくる二期作が行われていた。

畑は三通りに使い分けていた。一つ目は年二回収穫する場合で、冬に麦、夏にさつまいもをつくった。二つ目は杉苗の畑として使う場合で、杉は二、三年畑で育ててから売った。それ以外に野菜もつくられた。野菜は杉苗の畝《うね》間に風をよけてつくられることが多かった。春は高菜など漬け物向きのものをつくり、夏にかけては、なす、きゅうり、とうもろこし、夏の終わりには大根、里芋、小豆などをつくった。これらの野菜とさつまいもは自給のためのものだった。

農耕は女、年寄りの仕事であり、冬場の大切な仕事として、収穫後の稲藁を使ってのワラジ、カマスなどをつくる藁細工があった。

男の仕事は林業か土工の出稼ぎ仕事であった。村にいて林業をする男の場合は、農業と林業を兼ねてやった。春から夏はたんぼや畑、秋は山で杉の皮はぎ、杉苗用の種とり、冬は伐採、運搬の仕事をしていた。出稼ぎに出た者が村に戻るのは年四回、正月、田植え、盆休み、稲刈りのときだけであった。

✦9 この地方では土工仕事をする男たちを黒鍬さんと呼んでいる。黒鍬さんについては、五八頁に詳述した。

石垣群をつくったのは誰だろう

黒鍬さんと丸山の石垣

■■ 黒鍬さんと呼ばれた男たち

それにしても丸山の棚田と七、八〇キロメートル以上あったと思われる畦の石垣を誰がどのようにしてつくったのだろう。村人に問えば、それは黒鍬《くろくわ》さんだという。敬称に近い不思議な語感の返事であった。この雛壇工事は、黒鍬さんと村人の長期にわたる共同作業によるものなのであった。

黒鍬さんとは果たしてどのような人たちだったのだろうか。それを知りたくなって、また町史年表を拾い読みした。

文久二（一八六二）年
　赤木村、黒鍬利平ら大又方面で活躍する
文久三（一八六三）年
　赤木村石工、吉左右衛門、理平ら大又にて土木工事で活躍する

町史年表には関係すると思われる記述はこの二件しかなかったが、黒鍬さんは石工、土木工事を集団でしていたらしいことがわかる。大又方面とは北山川上流の下北山村に大又谷、小又谷があるので、このあたりのことらしい。

年表の前後の項には豪雨と洪水、あるいは崩れなどの記録が見られる。明治二二（一八八九）年八月一八日から始まる十津川崩れのような大豪雨では流域の山ごと崩れるときもあったのである。豪雨で崩れる石垣はたびたびあったと思われる。

その十津川崩れのとき、黒鍬さんが登場している。先に引用した『吉野西奥民俗採訪録』

の誌上で、民俗学者宮本常一は黒鍬さんを「クロクワ師」と呼んで、次のように書いている。

「この凶報は二三日…郡役所に通じた。そこで二四日には県官の出張となり、道路切開のために多くのクロクワ師を率いて、この在々の村に入ったのであるが、被害は想像も及ばざるところでついに軍隊の出動となったのである。」

司馬遼太郎も『十津川街道』で、この崩れに言及していて、戦国以来の呼称を用いて「黒鍬衆」と呼んでいる。

「……とてもわしらの力では、これはどうにもなりません。黒鍬衆の親方は、渓流が寸断されることによってできた無数の湖を見て、泣いたという。ついに県では軍隊をたのみ、工兵隊をいれた。」

宮本のクロクワ師という呼び方も、司馬の黒鍬衆という呼び方も、異能なる才能を評価しているように思えてくる。

かつて西山地区の男たちの仕事といえば、石工、土方、山仕事（林業）であった。地元で黒鍬さんというと、石垣を積む石工職人のことであり、水路の溝石や石塔を彫り、神社や屋敷、耕地の畦などの石垣をつくり、農閑期には北山地方や吉野川上流、奈良盆地近くまで出稼ぎをした人々をそう呼んだらしい。西山地区にも丸山にも、昭和三〇年代まではたくさんいて、親戚の子供が育つと声をかけ、黒鍬さんに仕込んでいったという。

石工仕事は石を割取ることから始まる。主な道具は鏨《たがね》と大鎚《おおづち》である。石材は建設する地元のものを使うが、石質は硬軟、いろいろあって割るコツを覚えるのに年季がいった。もっとも大切なのは、採石加工によって減る鏨の焼入れだった。だから黒鍬さんは鍛冶《かじ》もできなければ始まらない仕事であった。鞴《ふいご》を担いで仕事に向かったという。黒鍬さんの指揮で村人が土工事や運搬をやり、石組みは主に黒鍬さんがやるといった分担があったのかもしれない。

「黒鍬者」を辞書で引くと、戦国、江戸時代の有名な隠密、間者、お庭番、忍者などと説明されているものもあるが、当地の黒鍬さんは、だいぶ趣を異にしている。元々はどうだったのかという問いに答える史料は、現地にはない。

ただ気になる小社がある。それはかつて鎮

丸山神社

守の杜《もり》に囲まれていた丸山神社である。場所は宮の谷の沢の中央、湧水地近くにあり、精緻な石垣に囲まれた小さな境内が印象的である。沿革、創建などは不明であるが、元禄期からの棟札が残されているので、創建はかなりさかのぼるものであろう。祭神は石凝姥命と書き、イシコリ・ヒメノミコトと読むという。石工の神様と伝えられている。

丸山には現在四カ所、横井戸がある。覗き込むと、六〇～九〇センチメートル奥で水脈に当たっている。これは小さなトンネル、つまり坑道掘りの技術である。鉱山の坑道は鉱石を掘るトンネルもあれば排水坑道もある。田への利水も坑道も元を正せば同じトンネル掘りの技術である。黒鍬さんの技術の源流には、あるいは周辺にたくさんある銅山採掘の技術が転用されているのかもしれない。

■■ヒューマンスケールの雛壇造成

丸山に総計七、八〇キロメートルはあったはずの畦の石垣の積み方は、自然石をそのまま積み重ねた野面積み《のづらづみ》と割石積みである。屋敷まわりでは隙間なく大小の石が組まれ、畑や棚田の石組みは粗いが力強い。村全体の石組みを遠望すると、雲間に出現する南米、インカの城壁や段々畑のようにも思えてくる。

丸山の雛壇の高さは、地形によって高いところと低いところさまざまであるが、基本は跨《また》いで上れる高さのようだ。おおよそ高さ〇・六～〇・九メートルの範囲で納められている。高くても二メートルはない。防戦用の城の石垣ではない。高すぎては石段も大きくなり、行き来に不便で危険である。野良仕事で日々行き来するための容易さを基準に一定の高さが求められた。この棚田の風景はヒューマンスケールでつくられたものなのである。

棚田の造成仕上面の造りは、調べてみると三種類あった。総石垣積み、下部石積みで上部土坡、土だけを積んだ土坡《どは》[✦1]のみの三種である。総石垣積みの棚田は急な勾配のある場所に多い。上部が土坡と土坡のみの仕上げが多いのは、千枚田の下半部の棚田である。下半部は水が切りにくく泥深い田であり、畦の高さは低い。

いずれにしても雛壇造成は動力機械のない古い時代に土方仕事でつくられたもので、手間も時間も十二分にかかっている。後章で、

✦1　たんぼの谷側の土を固めてつくられた土塁の畦畔。

この棚田造成にどれだけの労力と費用がかかったかを考えるが、地業と石垣仕上げという素朴な造成技術だけでなく、この村づくり事業の労苦を共にしたことが、黒鍬さんの評価を高いものにしたことは確かなようである。

■■棚田の石積みに見る技術の変遷

丸山の千枚田の開墾《かいこん》は、中世期末には現状の下位部分が成立していたと見られる。『紀和町史』によると、丸山の石積みのほとんどは野面石（自然石）の乱層積みである、としている。実際、棚田の畦の造成には、身近に手に入る石はすべて利用されていた。造成地から出た野面石は、積むのに不都合があれば砕いて、形と大きさが不揃いでも、構わず合わせて積んでいった。大きな岩はそのままに、あるいは避けて田をつくっていたのである。慶長年間（一五九六～一六一四）以前から造成されたと思われる里地の下位部分や宮の谷の田には、そのような積み方を多く見かける。

しかし宮田[2]や寺田もあり、慶長六（一六〇一）年の検地帳にも字《あざ》[3]名が残る大坪《おおつぼ》では、自然石を根石として、その上に土を積んだ土坡の畦が残っていて、おそらく当初は、このように土と自然石を混ぜた形の畦[4]で十分通用する傾斜の緩やかな箇所から開墾されていったようにも考えられる。

石積みを丹念に調べてみると、傾斜が一九度ほどもある上切地区には加工石を利用した間知《けんち》積み[5]の技術が見られた。畦も一・五～一・八メートルと高く、総石垣づくりである。

間知積みのような加工石材の規格化と量産は、慶長年間の後半から始まり、元和～寛永年間（一六一五～四三）にかけて定着していったといわれている。幕末までにはさらに精密な技術となっていったことは、近世に築かれた城郭の石垣をはじめ、紀和町に残された社寺や屋敷囲いの石垣から明らかなのである。

丸山では、貞享四（一六八七）年に四カ所、六反分の新田開発願いが出されており、願い書の文面から、江戸期に入っても条件の悪いところまでコツコツと棚田をつくり続けていたことがわかるが、この時期すでに間知積みのような加工石材を用いた工法が定着しており、棚田の石垣にも新しい技術が入り込んできたのであろう。

元禄一〇（一六九七）年の『入鹿組み田畑御

✦2 神への供物としての米をつくるたんぼ。村の共同耕作と管理にゆだねられ、収穫は神社の経費に充てられたり、祭りのときの共同飯米にされた。

✦3 町や村の一つの区画の名前で、大字と、大字を細かく分けた小字がある。小字を字とだけ呼ぶことが多い。

✦4 大坪の勾配は一二、三度である。

✦5 間知石を用いた石積みのこと。自然石を加工して四角錐形にした石積み用の石を間知石という。

間知石を用いた高い石垣のたんぼ

毛見差出帳』には、千枚田の反数と枚数が書かれているが、この時期までには、里地上部や上切地区も造成されたと考えられる。勾配からも石積みの高度な技術が必要であった。[✦6]

■■穴太衆と治水技術

丸山の北に隣接する赤木村には、天正一七（一五八九）年、藤堂高虎佐渡守によって築かれたという赤木城がある。現在、城跡には石垣のみが残されているが、その積み方を見ると中世末の石垣普請技術を感ぜずにはいられない。大石を組み上げ、その間を小石が調節役となる、粗々しくゴツゴツしていて、棚田の石垣が精緻に見えるほど異質である。赤木城の研究報告によると、構造は、豊臣秀吉の甥の居城として築かれた滋賀の近江八幡城に非常に似ているという。

天文一二（一五四三）年に鉄砲が伝わってから、戦国武将たちの戦の仕方は大きく変化し、城の石垣普請は重要な意味をもっていた。信長の安土城築城以来、城の石垣普請を担当する技術者に滋賀の穴太衆《あのうしゅう》が登場してくる。穴太衆は地方《じかた》（民間）の石垣師たちを組織し、各藩お抱えの石工集団として、各地で活躍していた。徳川が天下を統一し、戦乱の世が終わると築城の需要も減り、石垣師たちは地方の石工職人として各地に散っていった。こうして全国各地の石垣工事や土坡の造成開拓が進み、その技術の普及度も高まっていったと見られている。

田淵実夫氏の『石垣』（法政大学出版会）によると、地方の石工には、関西以南で下財《げざい》と呼ばれる鉱夫出身の者と黒鍬と呼ばれる開墾土工出身の者がいたという。彼らは仕事のある場所を求めて移動して歩いたが、二、三〇人で集落をつくり住みついた者も多いという。

丸山をはじめ近隣の長尾や平谷など西山地区の村々は、黒鍬の集落ともいわれている。丸山周辺には、中世からの銅山を含め多数の鉱山があり、下財との関連も否定できない。石積みトンネルや住居跡の石積みなどの優れた技術が多数残されている。

紀州藩と穴太衆が関係する記録を探してみると、江戸中期に加賀藩から津村吉兵衛という穴太衆が来ている。初代吉兵衛は、享保四（一七一九）年に大普請組に属し、享保一〇年、同組小頭となり、寛延四～宝暦一〇（一七五

✦6
加工石材の種類には、面が正方形か長方形で控を二方のみ落とした雑割石、形を決めずにさまざまな形に割った割石、厚い板のような布石があり、布石は、上地と塩平境にある地蔵の祠に見られる。宮の谷の神社には、加工石を使った整層樵石積み（布積み）などの技術が残っている。

赤木城の石垣

一〜六〇）年には、奥熊野、高野山に出張している。吉兵衛が属した大普請組とは、本来、城郭、塹溝《ざんごう》、石塁《せきるい》、殿邸などの構築にたずさわる部署であったが、吉兵衛が奥熊野に出張させられた理由はそれだけではなかったようだ。紀州藩では、元禄三（一六九〇）年頃から、各地で大規模な灌漑施設をはじめ治水工事、新田開発が盛んに行われた。紀州藩の大普請奉行の職掌は「在郷治水堰水土地開拓、道路修築」を意味しており、氾濫を繰り返す北山川や熊野川などの対策として、新しく高度な治水工事を完成させ、「紀州流」（上方流）と呼ばれていたのである。

　丸山や近隣の各村々でも、元禄六（一六九三）年には洪水被害で苦しんでいる。また、貞享四（一六八七）年〜元禄五（一六九二）年にかけて、三六カ所の新田開発願いが次々に出され、丸山でも多くの人工《にんく》を掛けて六反の新田が開発されている。このような動きの中で、本来藩のお抱え石工集団であった穴太衆は、治水工事や新田開発のための灌漑工事などの広範囲な分野でその業を振ったと思われ、近世を通して丸山周辺の黒鍬たちとの交流も大いにあったと推測できる。

■■黒鍬という農具

「黒鍬」を事典類で調べると、「土を掘り起こすじょうぶな鍬、畔鍬のこと」とも記されている。中世末から江戸期にかけて、さまざまな種類の鍬が発明され発達するが、鍬の中の黒鍬は地中深く刃先を打ち込むためのものであり、荒起、開墾、土木用の重量のある鍬で、使用には熟練した鍬さばきが必要で、人力による最大起耕力を求めてつくられた鍬であった。江戸時代の農書、大蔵永常の『農具便利論』✦7にも大小の黒鍬が寸法図とともに登場している。

　黒鍬さんは熊野の地では石工として、石垣積みや造成工にその才を発揮したが、その作業に導入された道具には、石垣用の大鎚や鏨だけでなく、土木用の黒鍬もあり、この特殊な鍬を使いこなした土方衆を黒鍬と呼ぶようになったらしい。いずれも近世初頭の村々の開拓を支える鉄製の新しい道具であった。使えば刃先は減っていく。鍛冶の技術がなければ修理ができないため、黒鍬さんはそうした技量をもって集団で仕事をしていたのである。

✦7
文政五（一八二二）年刊行の全三巻よりなる幕末の農学者、大蔵永常の著書。江戸時代の各地の農具を調べたうえで、図を示して解説している。内容は、耕耘、種まき、除草、施肥、収穫、調整など作業ごとに農具を分け、使い方を述べる実用を重んじた図鑑図書となっている。刊行の目的は農業の効率を上げ、利益性を高めるといった生産力の向上のためのものであった。全国各地の百姓に読まれ、明治以後も幾度も再出版される。農民を支え続けた世界的にも珍しい農書である。

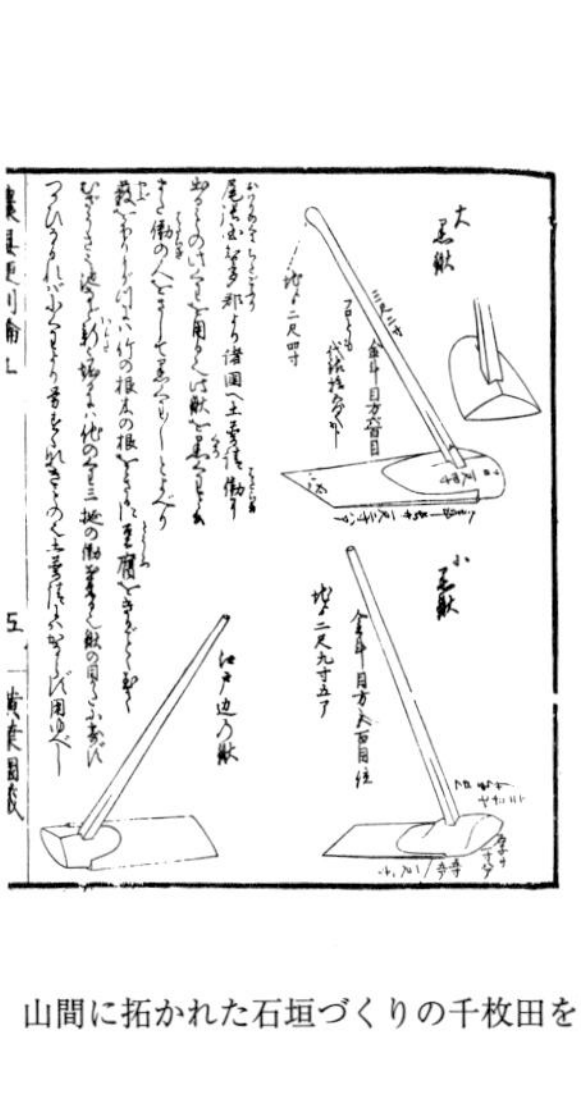

一〇〇年前、たんぼの枚数は何枚あったのだろう

二四八三枚あった棚田

■■棚田の面積の最大時期は終戦直後

丸山の千枚田は本当に一〇〇〇枚あるのだろうか。屋敷まわりや田畑の畦の石垣の総延長はどのくらいだろう。それを実際に調べてみたい。それが丸山を調べ始めた当初、最初に考えたことだった。

丸山千枚田保存会前会長の北富士夫さんに聞くと、現在使っている棚田は平成五年ごろから復田した分の八五〇枚の田を入れて一三七〇枚あるという。しかし、丸山を歩くと、藪《やぶ》に覆われた今は使われていない棚田も多いことに気付く。丸山の耕地面積はかつてはどれくらいあったのだろう。それが知りたくなった。村人に聞くと、古い史料は役場が保存しているはずだという。

役場で調査の目的を話すと、助役の立嶋寿一さんは明治三一（一八九八）年の測量図があると出してくれた。立嶋さんの話では、村の棚田が最高に増えた時期は太平洋戦争中と、戦後の食料難の時代ではないかという。日陰であっても収量が少なくても田にできるところはすべて田にしたというが、図面が残された明治三〇年頃は増産に励んでいた時代なので、棚田の最盛期に近い姿をしているのではないかという。

現在、丸山の千枚田の面積はその半分にも満たない。それも藪になっていた棚田を観光用に復元したものも加えての数である。平地の米づくりに比べ、坂道ばかりの棚田での米づくりは労力が掛かりすぎて現代の経済感覚

では合わない。だから減っていったのである。

■■ 合計二四八三枚のたんぼ

さて今から一〇〇年ほど前、明治三一（一八九八）年に描かれた測量図は、田の形は大小曲りくねり、まるで抽象絵画のようだった。図には田の一枚一枚のつながり方、水路や水の下る方向がわかるように書いてあった。

測量図は字《あざ》ごとに一一枚に分け描かれていた。一枚ごとの字図には、それぞれ次のように書かれている。

入鹿村大字丸山〇〇字図
明治三一年〇月調整
製図者　南　留次郎　印
大江勘次郎　印

〇〇のところには一一カ所の字名が入っているが、〇の調整月は空白であった。一一の字名のうち東側の三つは、瀬ハト、向イ山、大平といい、山林か草地となっていた。次の八つの字は、上切、上地、里地、宮の谷、大坪、野仲、田仲、塩平である。田仲、塩平とある字の大半が山林であり、里地、宮の谷、大坪、野仲に田が集中する。村の東と西の端と上方が山林、草地なのである。さらに図を見ると、さまざまなたんぼが一枚一枚描かれていて、同じ形の田は一つもない。

はたしてたんぼの総数は何枚あるのだろうか。図の中から拾い集めると、合計二四八三枚のたんぼがあった。今から一〇五年前のことであった。最小の田は直径四五センチメートルくらい。三株の稲が植えられる広さであった。このたんぼは現存することが確認できた。村人の話では、もっとも丸山で大きな田は三〇〇坪余で、一反（斗）マキの田であるという。雛壇の最上段と最下段近くに二枚ある。これらの内訳を字ごとに東から集計してみると、下表のようになる。

丸山の測量図の凡例には、字名、道、字境、河川、宅地、畑、水田などが記されている。私たちは実際に千枚田を歩き、見て、聞き、そして不足の分を補いつつ、新しい地図づくりから丸山の解剖を始めた。六六～六九頁に掲載した二枚の地図である。

注目したことは、水源の位置と棚田への水の引き方である。水は上から下に流れることは一般的な常識である。しかし水を溜め、水路を組み、一枚一枚のすべての水田へ配水す

字	水田	畑	屋敷数
上切	447 枚（35,200m²）	2,700m²	2 戸
上地	14 枚（2,500m²）	22,900m²	16 戸（西側 7、東側 9）
里地	182 枚（15,000m²）	11,000m²	15 戸と 1 寺
宮の谷	346 枚（15,400m²）		
大坪	810 枚（32,400m²）		
野仲	160 枚（15,800m²）		
田仲	399 枚（30,200m²）	8,600m²	8 戸
塩平	125 枚（12,400m²）	700m²	
計	2,483 枚（158,900m²）約 15.9ha	45,900m² 約 4.6ha	41 戸と 1 寺

100 年前の丸山地区の字別に見た水田、畑、屋敷の数と大きさ（明治 31 年）

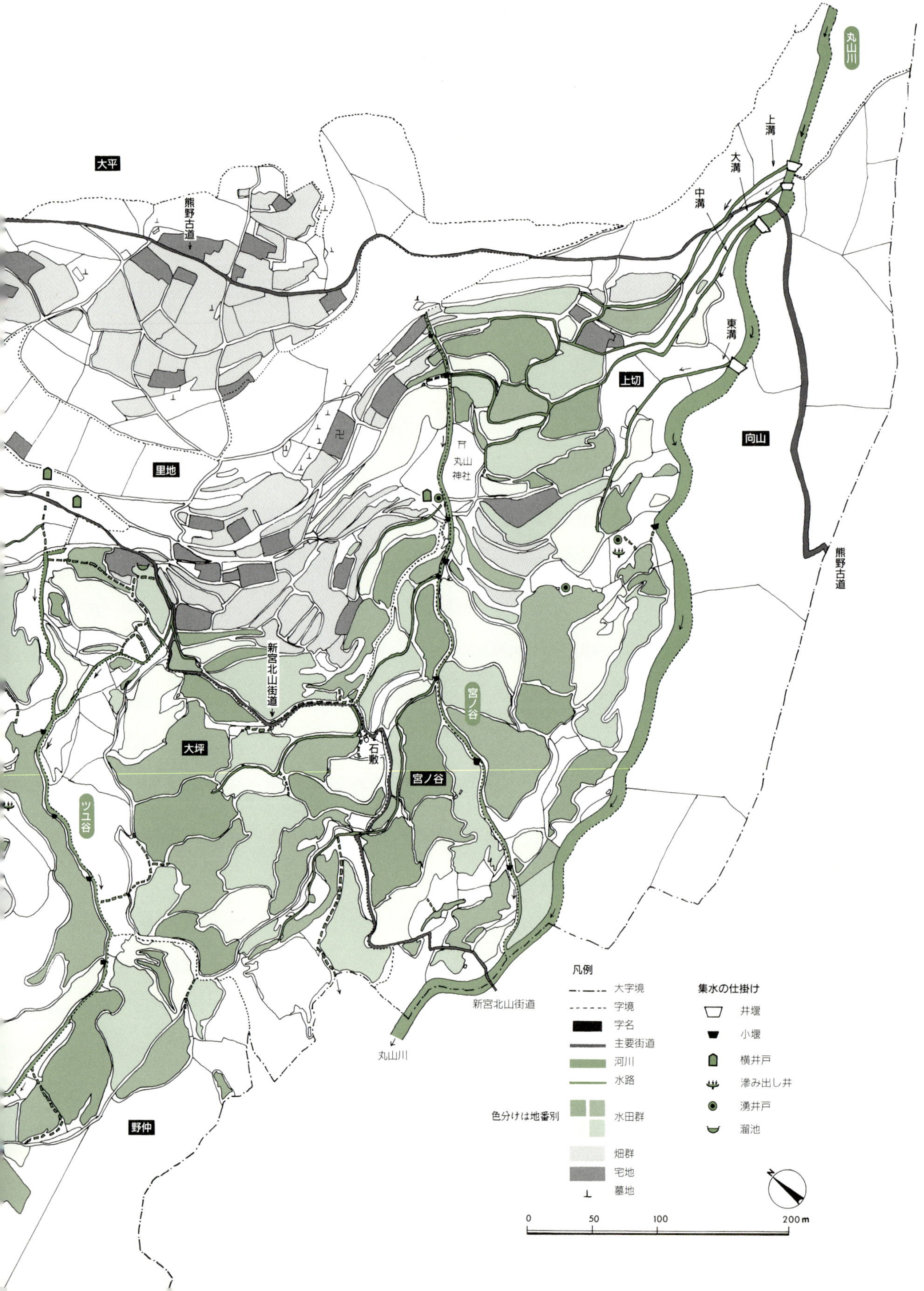

丸山川
上溝
大溝
中溝
東溝
大平
熊野古道
上切
向山
丸山
神社
里地
熊野古道
新宮北山街道
宮ノ谷
宮ノ谷
石敷
大坪
ツユ谷
野仲
新宮北山街道
丸山川
凡例
大字境
字境
字名
主要街道
河川
水路
色分けは地番別
水田群
畑群
宅地
墓地
集水の仕掛け
井堰
小堰
横井戸
滲み出し井
湧井戸
溜池
0
50
100
200 m

復原した明治31年の
棚田と集落の姿

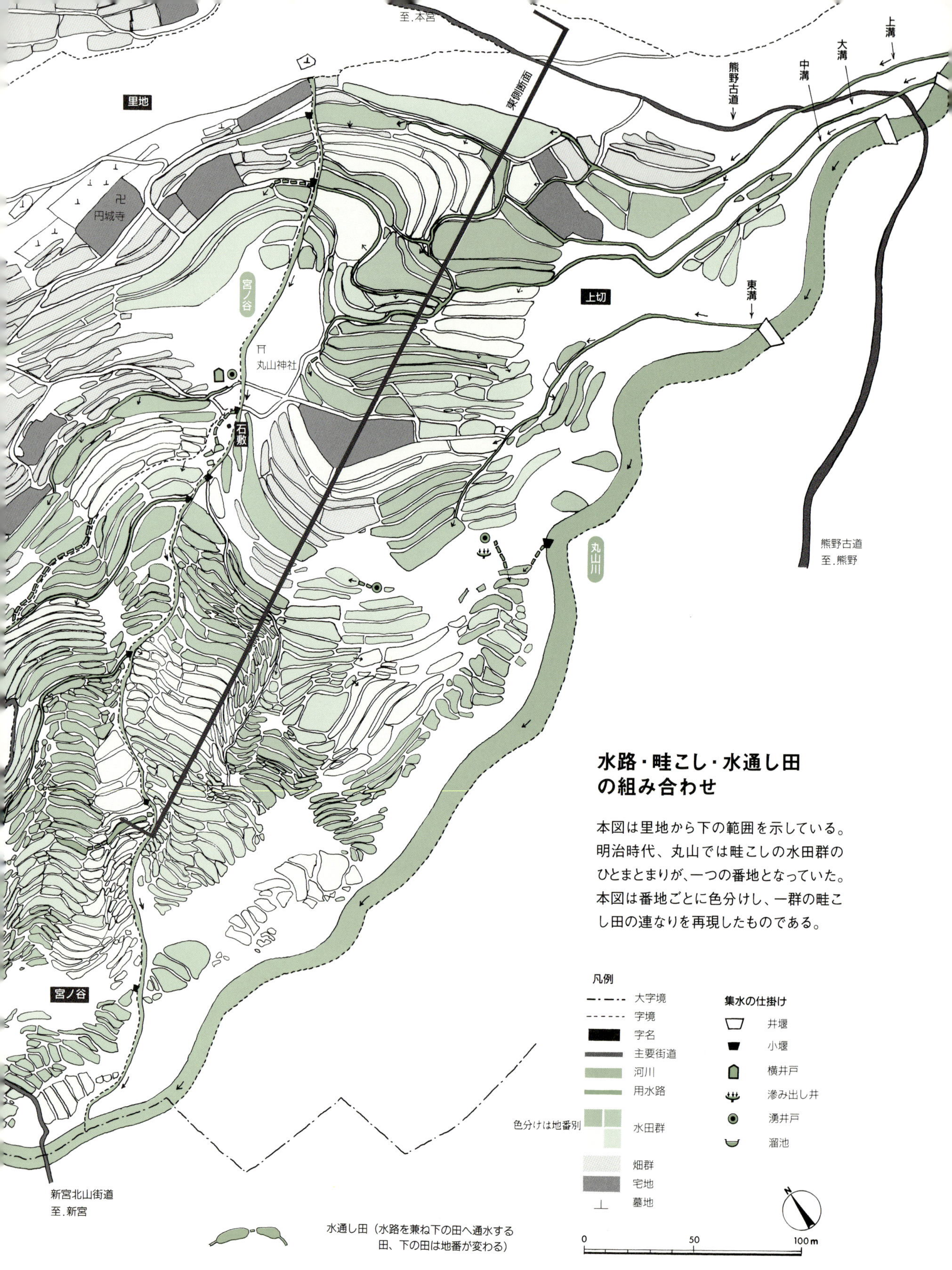

水路・畦こし・水通し田の組み合わせ

本図は里地から下の範囲を示している。明治時代、丸山では畦こしの水田群のひとまとまりが、一つの番地となっていた。本図は番地ごとに色分けし、一群の畦こし田の連なりを再現したものである。

（中央断面、東側断面は 71 頁下段の図を参照のこと）

る技術は専門的であり、時代によって、その技術も利水への要求も変わっていく。地図に示した水路や集水の仕掛けなどは、どうやら一時期のものではなく、それぞれの時代に施工された仕事の累積なのであろう。

新しい地図をつくり、未記入の湧水地、井堰、水路、墓、小祠など実物があるものは書き込めた。字名までは明治の地図にあったが、そこにない小字名、道の名前、水路名などについては苦戦した。中には北富士夫さんも知らぬ地名があった。北さんは「ウーン」と、うなってから古老に聞き回った。たくさんの名前が村人に伝えられていたのであるが、現在、それも村人の高齢化とともに消失しようとしているし、すでに今ではわからないことも出てきている。

■■高低差二一〇メートルに分布する耕地

丸山の風景は上から下へ、山地、採草地、畑、屋敷、畑、水田の順に並んでいて、これが集落の領域となっている。分水嶺となる海抜七三六メートルの白倉山の上半分は、山林で町有地である。下半分は草地と雑種地で村

丸山の千枚田。現在、たんぼの枚数は 1370 枚。

の共有地となっている。刈った草は牛の飼料や堆肥、刈敷用などに使っていた。山菜採りの場所でもある。これらの使い方は古い時代からの慣わしであろう。

海抜の高い方の「上地」にある耕地は、利水の便が悪く、水を得た少々の水田のほかは、みな畑である。下の方の「里地」は水に恵まれ棚田が多い。畑は民家の周囲にあるが、この下の棚田が通称、千枚田と呼ばれる棚田の群である。

村の耕地と集落の分布範囲は、山の中腹を底辺として斜面を下る逆三角形の形をしている。もっとも形はだいぶ崩れているが、底辺長は九〇〇メートル余り、傾斜長が八五〇メートルほどになる。

耕地はおおよそ海抜一六〇メートルから三七〇メートルほどの間にあり、高度差は約二一〇メートルとなる。この高さは六〇階建てほどの超高層ビルに相当する。上の民家から最下部の棚田へ耕作に行く村人も多いので、この高度差を毎日行き来するのが、丸山の野良仕事の実態なのである。

この傾斜地を丸山の人々はどのように利用してきたのだろうか。耕地の勾配とその利用の仕方には必ず関係がありそうだ。それを知りたくて、山から棚田へ至る勾配を調べることにした。まず町の測量図から断面図を二カ所作成してみた。

勾配は次の通りであった。

山地、採草地……………約二八度以上
畑………………………約七～二〇度前後
屋敷まわり………………約二〇度前後
屋敷まわりの林、崖、竹林…約二五度前後
水田（上の棚田）…………約二〇度前後
水田（中の棚田）……約一三～一五度前後
水田（下の棚田）………約七～一〇度前後

丸山では屋敷や耕地として使える勾配の限界は、二〇度くらいまでのようだ。上地にある畑は七度くらい、屋敷の周辺にあるものが二〇度前後である。

棚田は屋敷に近い急なところが勾配二〇度前後、下がって低いところになるほど一五度、一三度と緩やかになり、さらに下部では一〇度、七度前後という勾配のたんぼもある。

集落に近い勾配が二〇度前後の地にある水田は一枚の面積が大きめで、畦の石垣もかなり高いが、枚数はわずかである。棚田群の最下部にも面積の広い田がある。

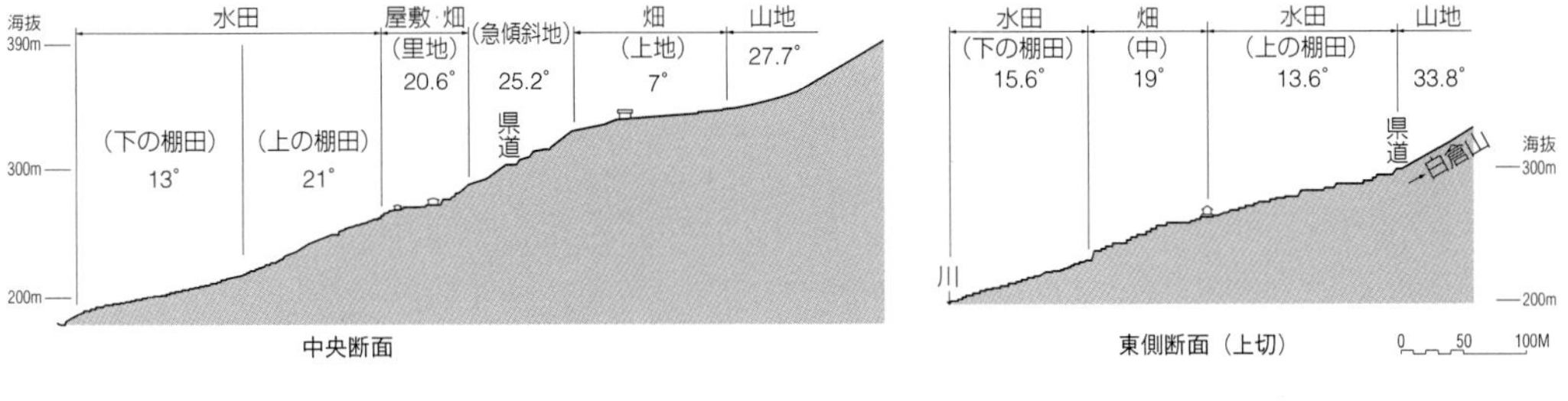

丸山の耕地の断面

土坡のままの棚田群の勾配は一〇度以下である。だが、石垣の棚田に比べ土坡の棚田は少ない。石垣の棚田のほうがはるかに多いのである。石垣の棚田の大半は勾配一〇度以上二〇度までの勾配の土地に拓かれている。石垣で棚田を組むとかなりの勾配（二〇度前後）の耕地まで水田にできる。山間の村では石垣に頼る造成工事が重要な村の開拓の手段だったのである。

■■地形全体の勾配を調べる

断面図では断面を切ったところしか勾配がわからない。先の断面図は二カ所なので二カ所の特徴である。地形全体の勾配の特徴を見る必要性がありそうだ。勾配全体の特徴がわかれば、耕地にする造成工事の難易度を推定することにもなる。あるいは耕地にする前の地形を想定し、村の風景を復原することにもつながりそうである。

この作業は精度の高い測量図がないとできないが、幸いにもあった。使用した測量図は、紀和町が作成した現況図で、縮尺一〇〇〇分の一である。範囲は八〇〇メートル×六〇〇メートルで、この範囲は千枚田を中心としている。西側の三本の沢筋と畑の多い「上地」の半分が入っていないのが残念であった。

この地図内の土地を一〇メートル四方ごとに区切ると、升目は四八〇〇コマとなる。このコマごとに勾配を割り出し、分布図を作成した。作成した分布図を分析すると、下段のグラフのようになることがわかった。

この中で比較的開拓の容易な土地は、勾配一二・五度以下の土地であろうが、割合としては一九％しかない。一五度以下の比率は三五・五％。二〇度以下では五五％となる。土坡と石垣のある土地は勾配二五度までで、測量図全体の七一％になる。二五度前後までなら村人は土地を開拓したのである。測量の範囲外となる上地や西側の耕地など含めても、この割合は似た範疇《はんちゅう》に入るはずである。

このように村の範囲の半分ほどが勾配角度の高い傾斜地であり、丸山はずいぶん手を加えねば今の風景のような住みやすい場所にはならなかったのである。

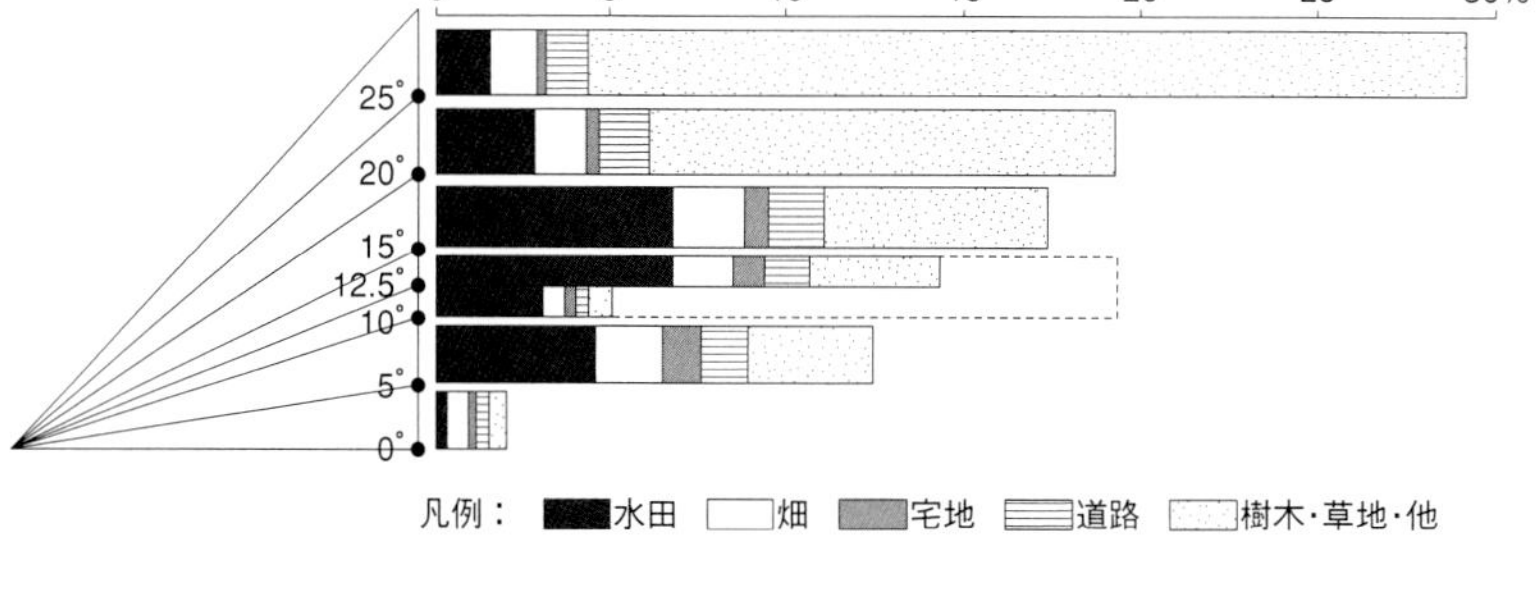

丸山の勾配と土地の利用割合

一枚一枚のたんぼに、
どのようにして水は配られるのだろう

水がたんぼに行く仕掛け

■■田の形はいろいろ

たんぼを歩くと気付くことであるが、田は一枚一枚、似た形が折り重なって積み上がっているが、形も面積も畦《あぜ》も微妙に違う。石垣づくりの千枚田といっても、近くで見ると畦にもさまざまな仕上げが丸山にはあった。小石ばかりの畦、大石が混じるもの、高低もいろいろである。

棚田の勾配をながめると、下のたんぼは緩やかであり、上のほうに行くにしたがって急勾配になる。急勾配のところは石垣が多く、畦もかなり高い。

下方の棚田の畦は石垣づくりではない。土でつくった畦、すなわち土坡のたんぼである。土の状態のままで棚田をつくれる場所は、土坡の棚田であり、勾配がややきつくなり土坡だけでは畦が維持できない場所は、畦の下半分を石垣とし、上半分を土坡という混成仕上げにしている。さらに急な勾配になると、畦は次第に高くなり、すべて石垣となる。

最上部の石垣づくりのたんぼは、田一枚の面積が広い。といっても一反ほどの面積の田である。目立つところに二カ所ある。ここは石垣を高く積んでがっしり造成しないと、田形がもたない場所だから石垣にしたのであろう。あるいは、かつては小さな棚田群であったものを、牛耕に不便なため か後に築き直し、大きめの田に整理したとも聞いた。

丸山の人々は長い年月の中で、土地の特徴を生かし、より多くの米をつくるために棚田を広げ、さらに工夫を加えてきた。だから棚田の中には開拓した時代のまま残る部分と新規に拓いた部分、さらには不良なるところを直していった部分の三つが混在しているのである。こうした状態を識別し、丸山の利水のシステムを明らかにすることで、丸山の千枚田の歴史を辿《たど》ってみよう。

水源は海抜三〇〇メートルライン

丸山で水が湧くところは海抜三〇〇メートルのあたりだと教えてくれたのは、北富士夫さんである。教えられて地形を改めて見る。凹地が六筋、傾斜地を下っていて、その上の崖地あたりが、海抜三〇〇メートルのラインである。

名前を東側からいえば丸山川、宮の谷、ツユ谷、板谷（上流でスダの谷とイズミ谷に分岐）、アノコシ谷の六筋の系統である。丸山の水田は、この六筋、探い沢を形成している丸山川と浅めの五筋の谷から主として水を引き、飲用水と水田用水を得ていた。

当然のことながら、水があるところから水田は下に並んでいる。水源地を北さんの案内ですべて歩いてみた。いくつもあちこちにあるが、大まかに分ければ二種類である。川近くから導くものと湧水を活用するものである。湧水は樋《とい》で引き、生活用水として使った後、田に水を落とすことが原則になっていた。

田を潤す水量からすれば水源の主力は、村の東端を流れる丸山川にある堰《せき》であり、次に五筋ある谷の水である。丸山では堰を井堰《いぜき》と呼ぶが、川に堰を四つ設けて水路を引き、田への用水とした。このほか、水量は少ないが貴重な水源として多種多様の湧水地、溜池、湧井戸、横井戸などがある。これらの水源を漏らさず取り込んで、棚田群の用水としているのである。

堰は共同で築いたものであろう。棚田全体に水がわたるようにしている。一方、湧水には所有者があり、生活用水として自分の家に引き、余裕があれば近くの家に分け、その後に田に落とすのである。

湧水が個人所有であるものは、個人による開拓を暗示しているので、田の造成開発には個人によるものと堰や水路工事のように共同開発によったものがあったはずである。

丸山では海抜三〇〇メートルラインより下

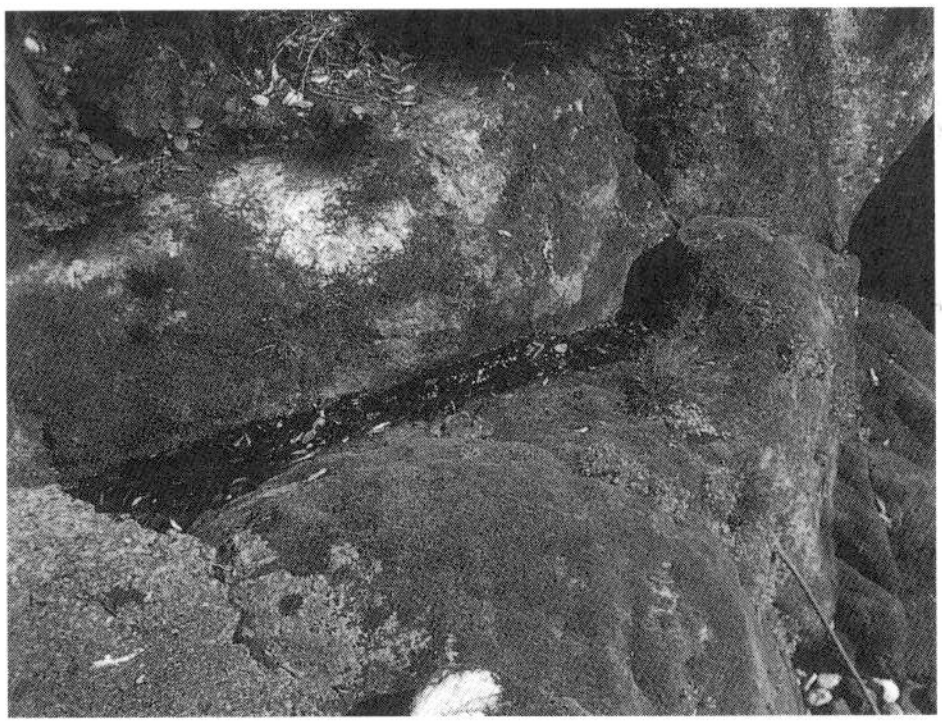

丸山川からの用水路

滲み出し井

に大半の水田がある。このライン付近が川水、湧水とともに豊富で枯れにくく、水を引きやすい場所だったのである。あちこちで水が湧いている。海抜三〇〇メートル以上の上地の畑作地帯にも水田は少々あるが、ほそぼそとした水量によるものである。だから海抜三〇〇メートルラインの各種水源のありさまが、丸山の風景を決める鍵になりそうである。次に各種ある水源を追ってみる。

■■水源と取水の仕掛けは六種類

丸山をつぶさに歩いてみると、水源地は合計六一カ所あった。取水方法を分別すると、次の六種類になった。井堰、小堰、横井戸、滲《し》み出し井、湧井戸《わきいど》、溜池である。

このうち小堰と滲み出し井は、私たちの造語である。通常の用語で説明しにくい水源だからである。

●井堰

井堰は丸山川の海抜三〇〇メートル前後と高めの位置に四カ所設けられ、上流から上溝、大溝、中溝、東溝と呼ばれている。井手《いで》、堰などともいう。水を田に引くため川水を堰止めた小さなダムである。

丸山では川筋に石積みを行い、川水を貯め、水路で田に配水している。大量の送水を行う棚田の幹線である。井堰の位置、水路、田への受水経路などの配水システムは計画的で、基本に測量技術があり、それをもとに大きな規模で施工されたものだとわかる。以上のことから共同でつくられたことは明らかである。しかし不思議なことに史料はないという。

この井堰からまず海抜が高く勾配のきつい位置にある大きめの面積の棚田群へ給水され、さらに下方の小さい面積の棚田群へ補給される。

●小堰

計三二カ所ある。原理は井堰と同じだが、かなり小型で簡易な造りの堰である。小堰という印象からは補助的な取水口と思われがちだが、配置から見ると実に重要なところにある。上の棚田から沢、川に落した水を再補給し、下の棚田群へ給水している。潤す面積も広い仕掛けである。千枚田の下流域に多い。

●横井戸

丸山に四カ所ある。横に掘って水脈に当てた井戸で、岩盤をトンネル状に掘り、水脈を

湧き井戸と洗い場

溜池

得た後、保守のため石組みを行い、通水道を確保した工作物である。丸山の横井戸は小型でトンネルの長さは六〇～九〇センチメートルと浅い。個人所有のものと村有のものとがある。この水はかつては生活用水も兼ねていて、村有のものは水汲み場に行き、個人のものは竹樋で家まで引かれ、生活用水に使われた後、棚田へ流していた。

●滲み出し井

四カ所ある。地層の性格からくるのか、斜面一帯に水が滲み出すところがあり、これをかき集める土堤をつくり、集水した工作物である。個人所有で生活用水も兼ねている。

●湧井戸 ◉

一〇カ所ある。窪地に小さく石の枠が組まれていて底から水が湧く井戸。この部分を水汲み場として、下手に洗い場を付けている。個人所有で、生活用水に使った後に田へ引く。

●溜池

溜池は七カ所ある。空沢に土堤を築き、天水を貯めた工作物。丸山のものは小規模で貯水量が少ないため、これによる水田も小さい。個人所有で、下洗い用水を兼ねていて、下手に自分の棚田が並ぶ。

以上六種の取水装置の分布域は、七八頁下表の位置にある。

■■流れは生活用水から水田に至る

上地では六カ所の水源すべてが生活用水として使用した後、水田用水として使われていた。これは水源が明確に個人所有であり、個人の田に引かれたものだからである。

上地は水に欠ける土地であったため、水の湧かぬ東組では、かつて丸山川の上流に堰をつくり、竹樋で組近くまで引き、共同の水場をつくっていた。

里地では崖地より湧水するもののうち、滲み出し井の一カ所が個人用で、生活用水として使われた後に水田用水としていた。崖地には横井戸が二カ所あり、これも個人所有のものであるが、かつては自家と近隣の家に樋で配水し、生活用水に使われた後、各々の水田に配られる共同性の高い井戸である。

里地で水が不足した場合、宮の沢、丸山神社脇に出る横井戸、湧井戸各一つに村人は水を汲みに行ったという。この二つの井戸は水量が多く、棚田の中の水通し田へ注がれる。

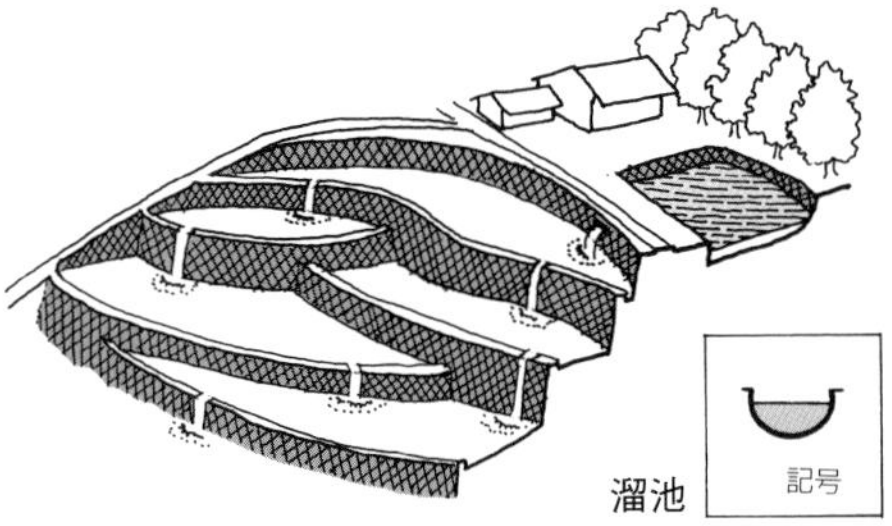

溜池に貯水してから田に給水しているところが七カ所見られる。これも沢の水を暖めてから給水する工夫である。

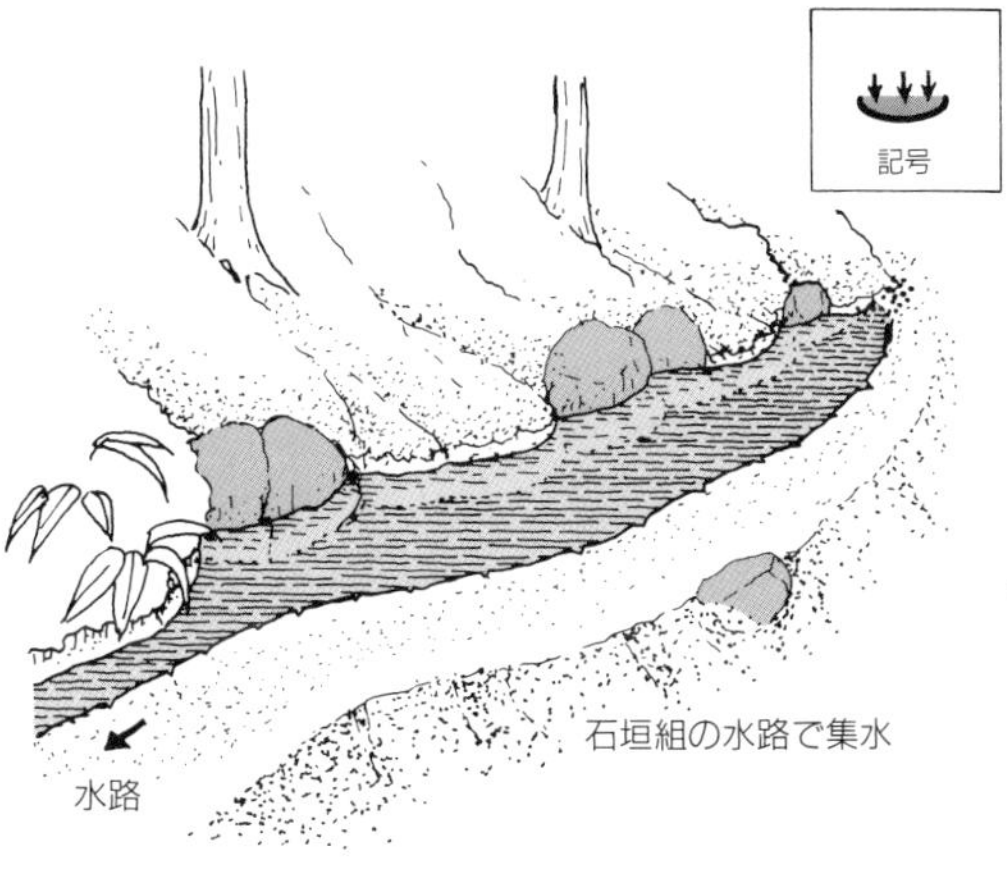

滲み出し井＋水路（字・田仲）

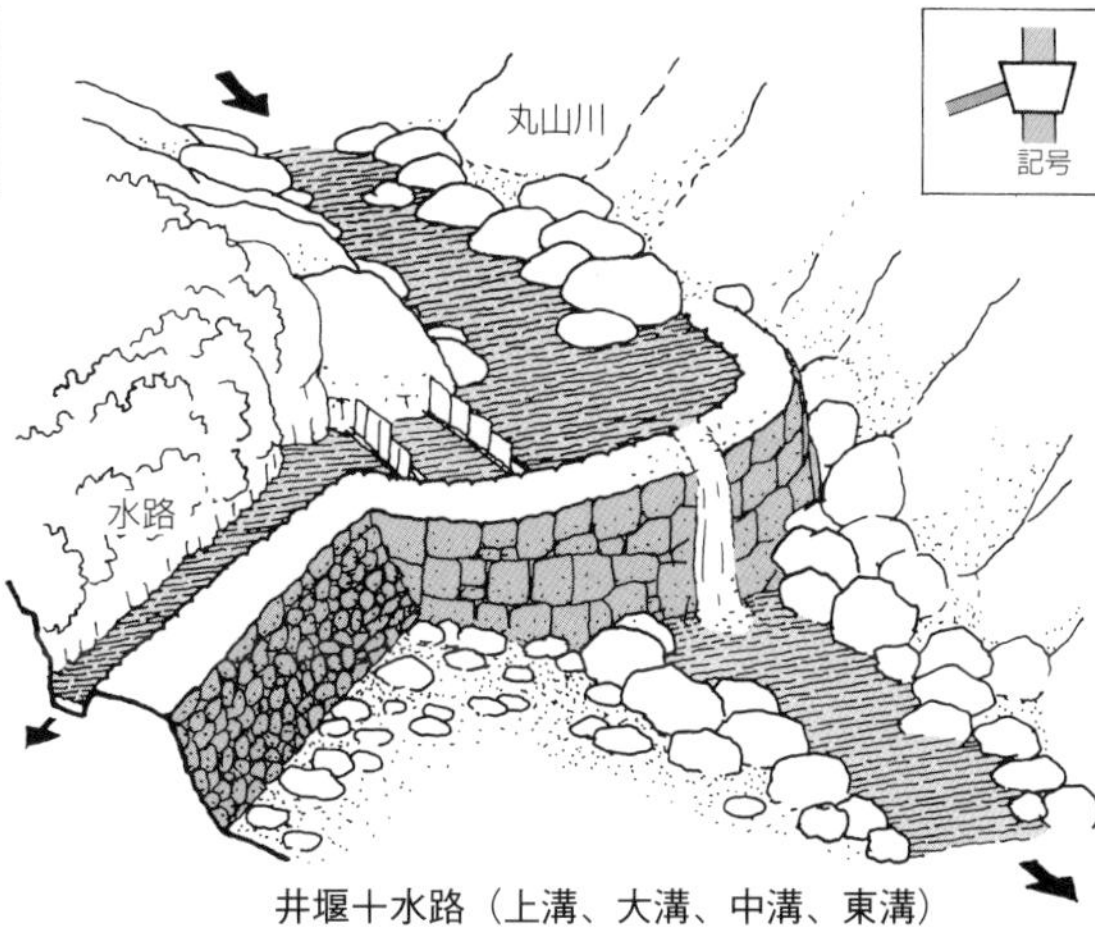

井堰＋水路（上溝、大溝、中溝、東溝）

湧井戸＋溜池＋水路（字・上地）

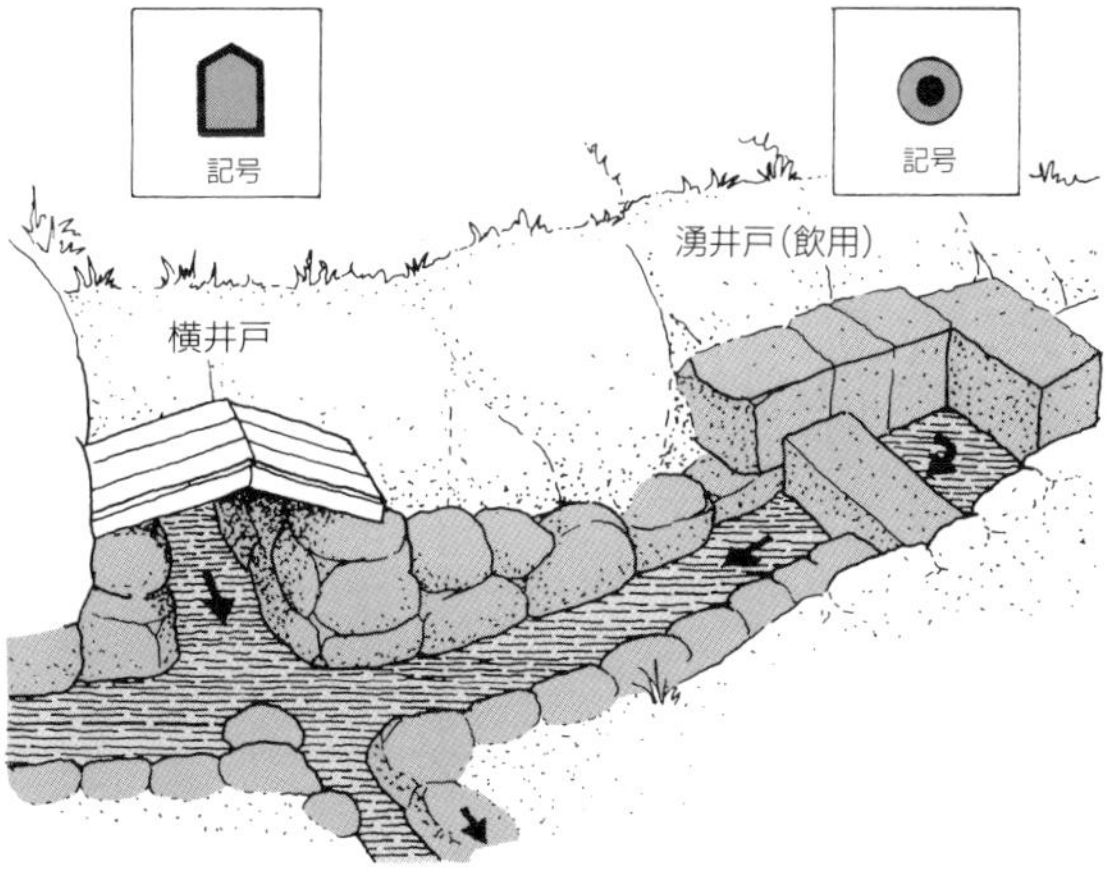

横井戸＋湧井戸＋水路（丸山神社）

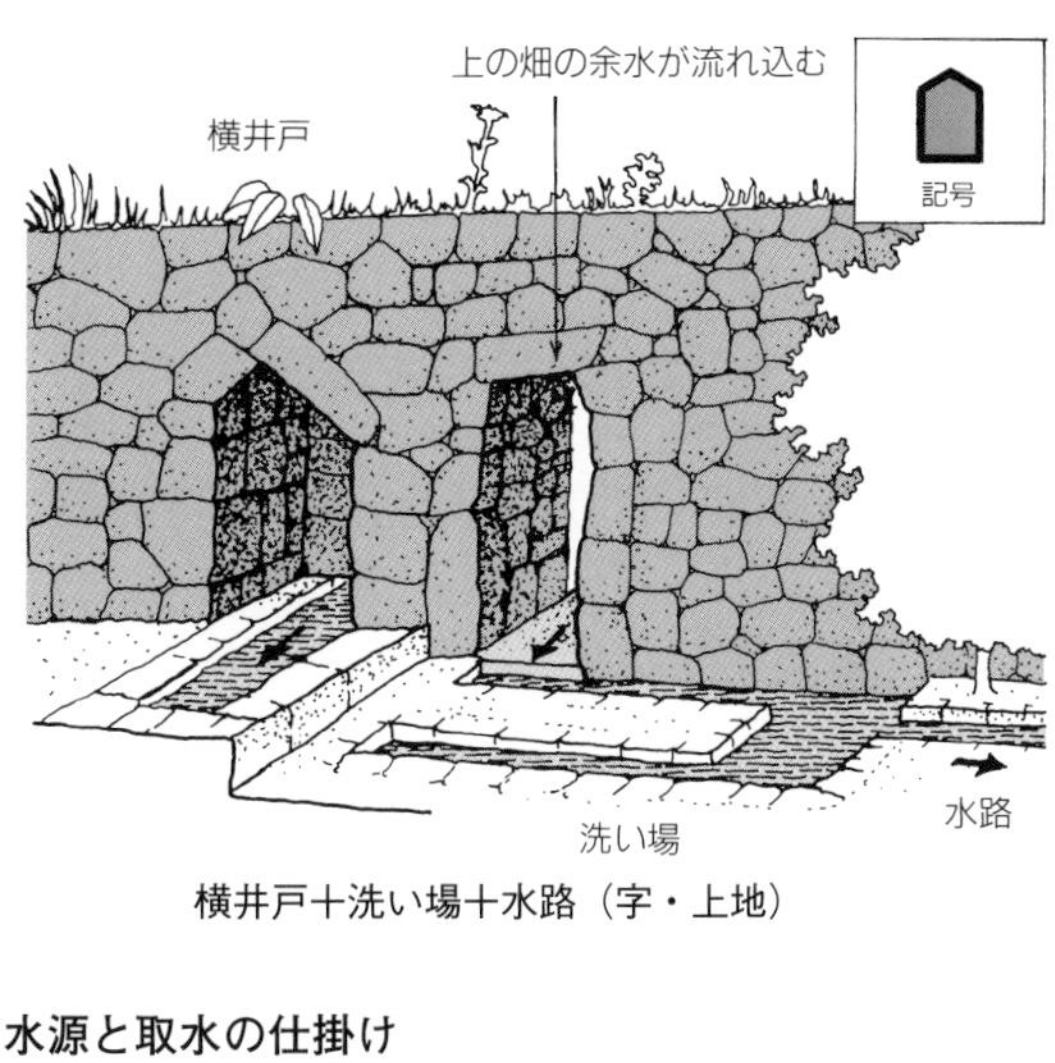

横井戸＋洗い場＋水路（字・上地）

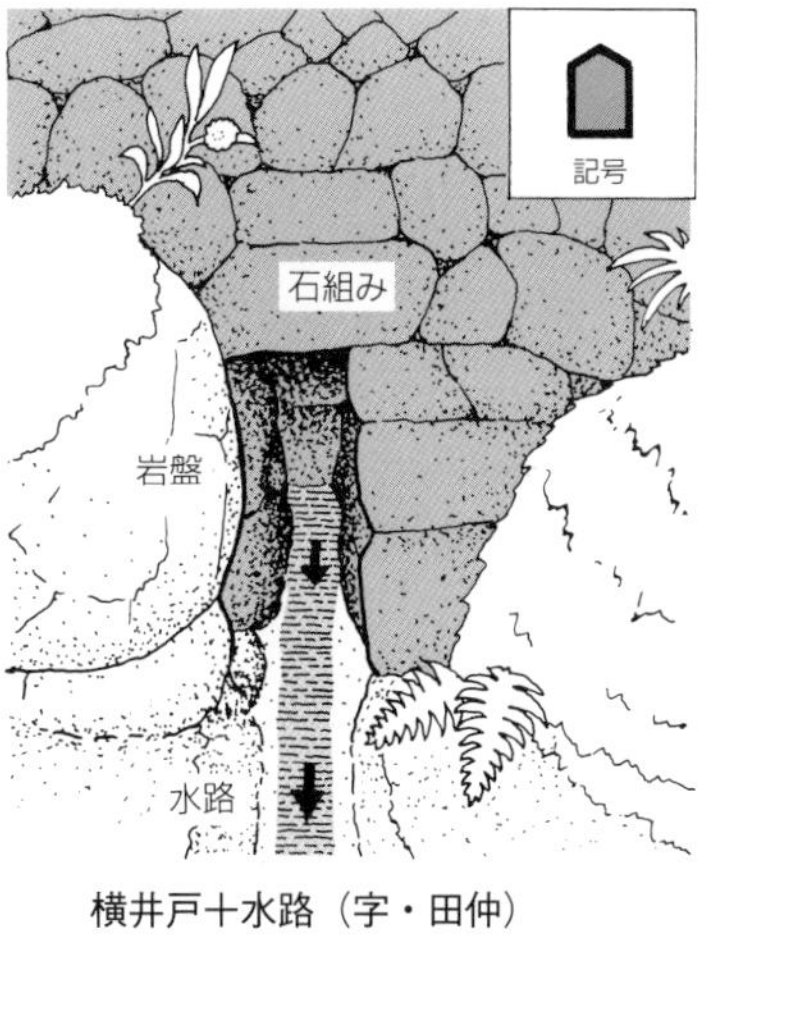

横井戸＋水路（字・田仲）

水源と取水の仕掛け

これらの井戸の開設がいつの頃なのか、定かではないのが残念であるが、井堰以前からのものだろうと推定している。

水源どうしの助け合い

上地以外の棚田の水源地は上、下二つの地帯に分布している。高さでいえば、上が海抜三〇〇メートル前後、下が二二〇メートル前後の地帯である。

このうち丸山川の井堰四本の給水先はもっとも勾配の急な字上切の上部の棚田へ向けている。上切でも下にある水田は湧井戸、小堰からの取水を主としており、ここから下は古くから拓かれていたものであろう。上切の高みへ配された丸山川の井堰の水路は上部の田の群を潤した後、宮の谷に落とされる。宮の谷には小堰が一五カ所並び、次のように再給水されている（八二〜八三頁参照）。

上流では西の字里地へ配水する。中流では東の字上切の中段へ、下流では小堰が西の字大坪、字宮の谷へ水を配っている。

丸山川の四つの井堰の用水は、これらの字を渡った後、さらに下の字野仲へ至ることになる。つまり各井戸および溜池の用水に、さらに加える補給水として水路が構成され、その後ツユ谷へ落とされ、再び字田仲の田を潤しているのである。

字田仲のある傾斜地は東にツユ谷、西に板谷の間にあり、ここも上下二つの水源地帯の水を使い、小堰でもれなく水を拾って棚田に配水していた。字塩平はイズミ谷、アノコシ谷の湧井戸や溜池より取水しているが、周辺の山より田地が低いため日照時間が短く、史料では悪所とも伝えている。東手にある主力となる千枚田地帯に遅れて、近世初期の遅くに開拓された地帯なのである。

このようにして六一カ所の各水源と四つの井堰の助け合いで、丸山の二四八三枚ある棚田の水はまかなわれていた。

基本は畦ごし田と水通し田

水路によって水源地から田へ導かれた水は、まず最上段の田に落とされる。雛壇状に構成された田への利水は、水口から水口へ、一枚ごとに上から下のたんぼへ流される。この方法は田ごしとも、畦ごしともいわれ、棚

	井堰	小堰	横井戸	滲み出し井	湧井戸	溜池	計
丸山川	4	2				0	6
上切			0	1	1	0	2
宮の谷		15	1	0	2	0	18
ツユ谷	0	8	2(崖)	0	0	0	10
田仲	0	0	0	1	1	2	4
板谷	0	4	0	2	3	0	9
イズミ谷	0	1	0	0	1	1	3
アノコシ谷	0	2	0	0	1	0	3
上地	0	0	1	0	1	4	6
計	4	32	4	4	10	7	(総計)61

地区ごとに見た取水装置の種類と数

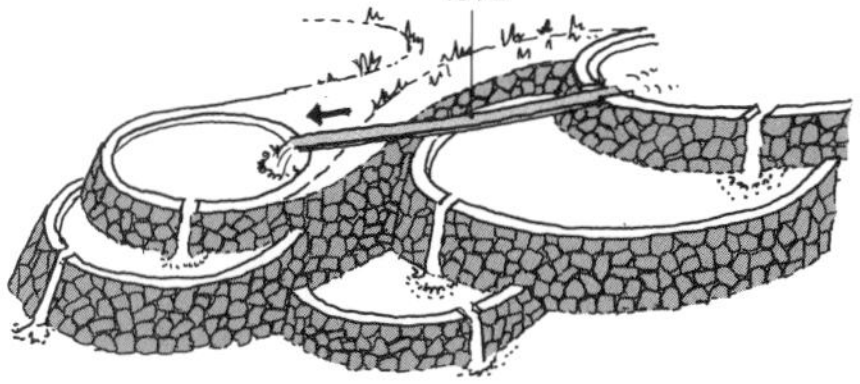

小高いところにあり、畦ごしでは水を引けないたんぼは、竹樋を飛ばして給水する。

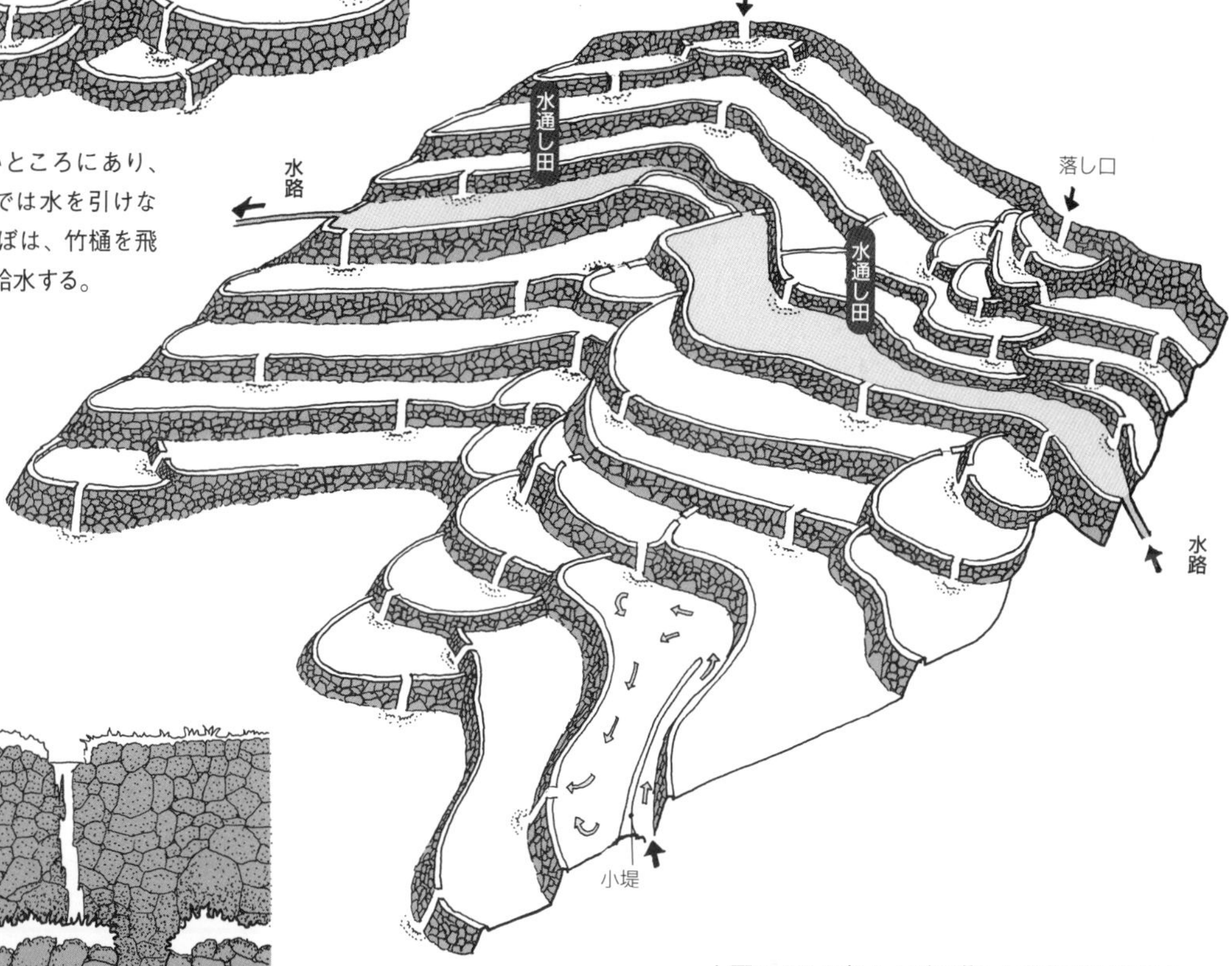

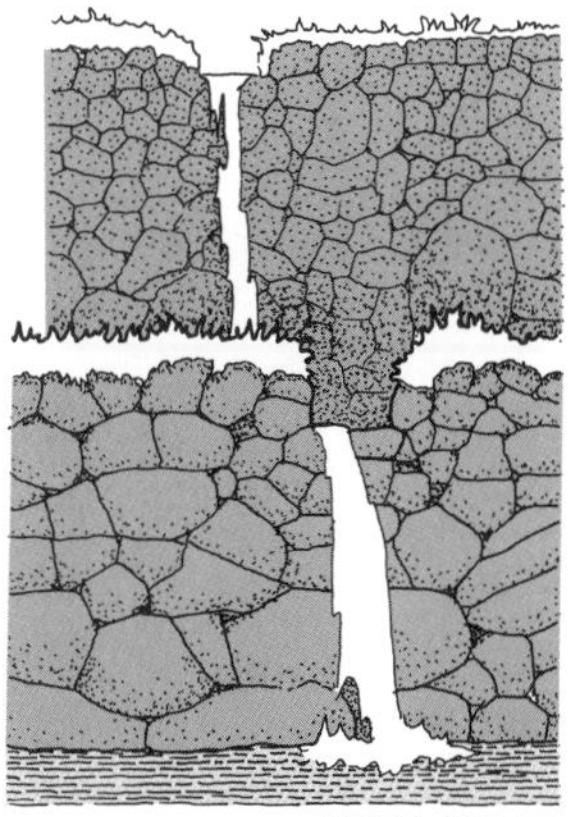
石垣と落し口

上図のように各たんぼの落し口を交互に設けるのは、養分である水を満遍なく循環させるための工夫である。また、冷たい沢水が直接流れ込む場合には一枚の田の中にさらに副水路を設け、少しでも水を暖める工夫をしている。

田の給水の基本になっている。丸山の場合、棚田全体が基本的にこの畦ごしたんぼによって構成されている。

ところが、たんぼをよく観察していると、この畦ごしたんぼの群の中に、水路を兼ねたたんぼがあることに気付く。水通し田といい、他のたんぼよりも細長い。このたんぼを通った水は、さらに水路で下流の別の畦ごしたんぼ群を潤していた。

前頁の図はその様子を一つの地番の水田群の構成として示したものである。地番は大小あるが、数枚から数十枚で一つの地番となっていて、これが売り買いの最小単位となっている。水通し田にも当然落し口があり、地番内の田に水を落としている。

水通し田の位置は、丸山の千枚田の下半分に当たる字宮の谷、大坪、野仲に集中し、計一〇カ所ある。

この通水方法は、古い時代の水田開発の手法といわれているが、丸山では今も現役である。棚田がかなり広い範囲で複雑に連結されていて、水路のように改良しにくいことが、この水通し田による小さな棚田群が今に残った理由であるかもしれない。集落の下部にある棚田の半分ほど、小字でいうと宮ノ谷、石敷、大坪と呼ばれる一帯が、この水通し田のお世話になっている棚田群である。

この周辺の棚田の勾配は一〇～一三度と緩やかで、畦も低く、丸山では稲作の作業がもっとも楽なたんぼである。

史料の裏付けがないので明言はできないが、おそらくはこの水通し田の残る宮ノ谷の沢の下流一帯が丸山で最初に開拓され、次第に村人が力をつけ、勾配のきつい石垣地帯を開拓し、棚田を広げていったのではないだろうか。そして、人手をもっとも要し、かつ水利の技術力が不可欠とされる井堰や水路、石垣づくりのたんぼが拓かれたのは、黒鍬さんの仕事がこの地方に定着する近世に入ってからのことだったのではないかと考えている。このことは後に再検討してみたい。

■■千枚田は小さな田の連なり

近年、考古学の発掘調査が進み、縄文時代や弥生時代の水田の姿が明らかになりつつあるが、そうした発掘写真を見ると、一枚の田の大きさが一平方メートルくらいで、しかも

副水路があるたんぼ

樋引きのたんぼ

さまざまな形をしているものが多い。なぜ一枚の田がこんなにも小さいのだろうか。

開墾単位、防風対策、水管理、所有区分などいろいろと考えられるが、棚田を調べていて耳にする「百姓にとって、小さな田ほど管理が楽で、成果を見やすく、つくりやすい」という話は印象的である。近代の大量生産の思想にはない視点である。小さな棚田が残った本当の理由は、そのあたりにあるのかもしれない。

■■丸山の利水系統図をつくる

水田は水源から給水を受けてから排水するまで各種の仕掛けがある。これらの仕掛けを水田群を構成する部品と考えると、地理的、歴史的、人的、経済的条件などの諸条件からどのような部品を集めて棚田を構成するかは、村ごとに異なる様相を示しているはずである。

今まで丸山の千枚田の詳細を述べてきたのは、田の配水構造がわかる丸山の利水系統図を作成してみたかったからである。そのためには、部品に当たる田一枚の面積、水口、群となる畦ごしの田の単位と面積や稲に栄養分を送る水の流れ、つまり水路と水源地などの部品と全体の構成を調べる必要があった。

丸山の棚田は現在一三七〇枚であり、明治末の半数しかないため拓きつくされたものとはいいがたい。そのため利水系統図の全体構成は、明治三一年作成の測量図の時代のものを使うことにした。村の全体が実測されていて、この時代がほぼ拓かれつくした棚田の姿を表しているからである。

できた利水系統図は次頁のような姿となった。基本は畦ごし田の群を形成した番地から、他の番地の畦ごし田の群に畦ごしで落とし水を流し込んでいる単純なものである。

しかし複雑な系統図になっているのは、それを助ける水路による給水があり、水通し田による他群への供給があり、かつ一連の棚田から川、谷への排水、さらにこの水を再び拾って、下部の棚田群へ供給する多数の小堰の存在があったからである。そしてこの背景には先に述べた諸条件と改良を続けた長い歴史があるのである。

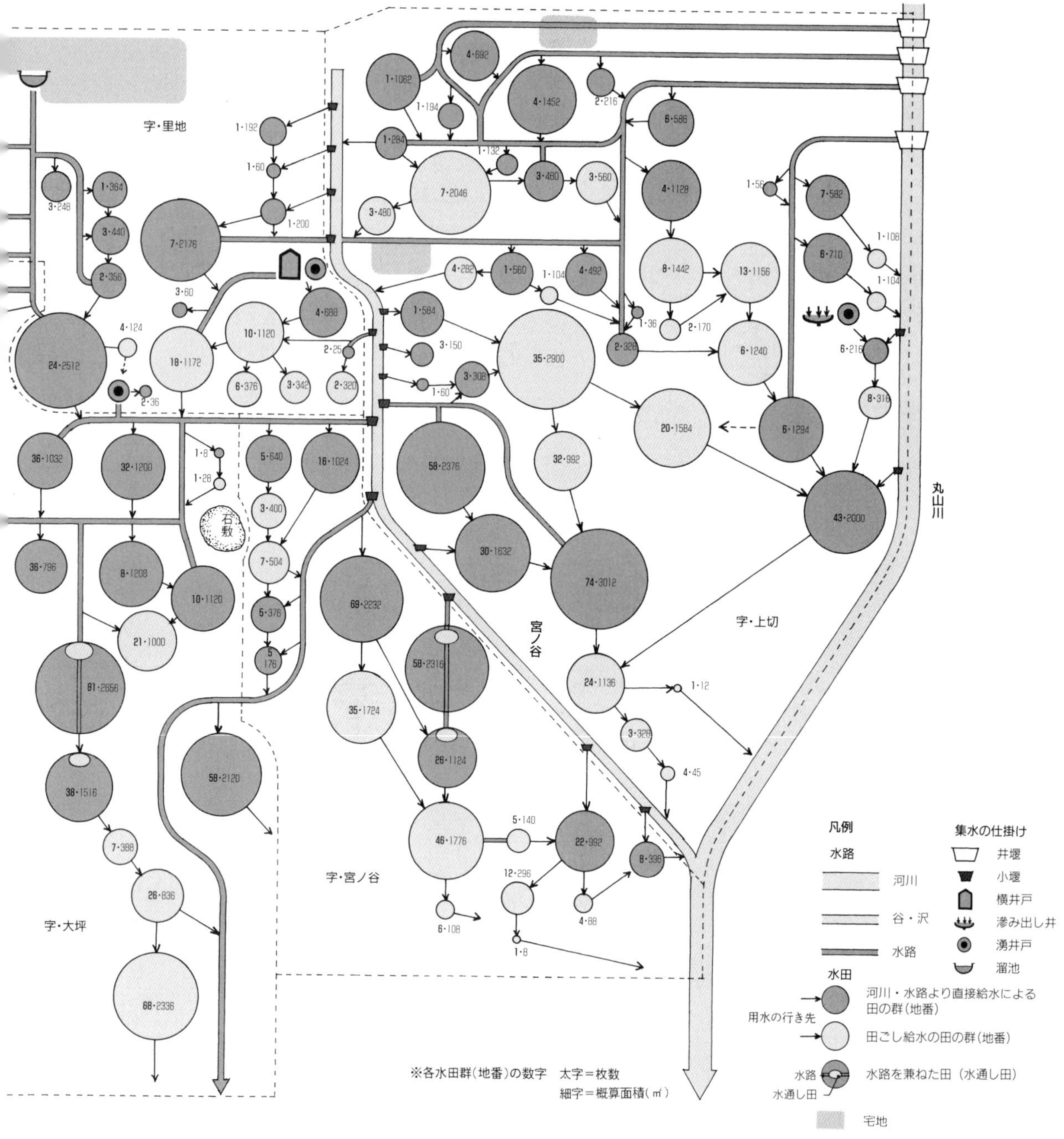
字・里地
字・上切
字・宮ノ谷
字・大坪
宮ノ谷
丸山川
石敷
凡例
水路
河川
谷・沢
水路
水田
用水の行き先
河川・水路より直接給水による田の群(地番)
田ごし給水の田の群(地番)
水路
水通し田
水路を兼ねた田(水通し田)
宅地
集水の仕掛け
井堰
小堰
横井戸
滲み出し井
湧井戸
溜池
※各水田群(地番)の数字　太字＝枚数
細字＝概算面積(㎡)

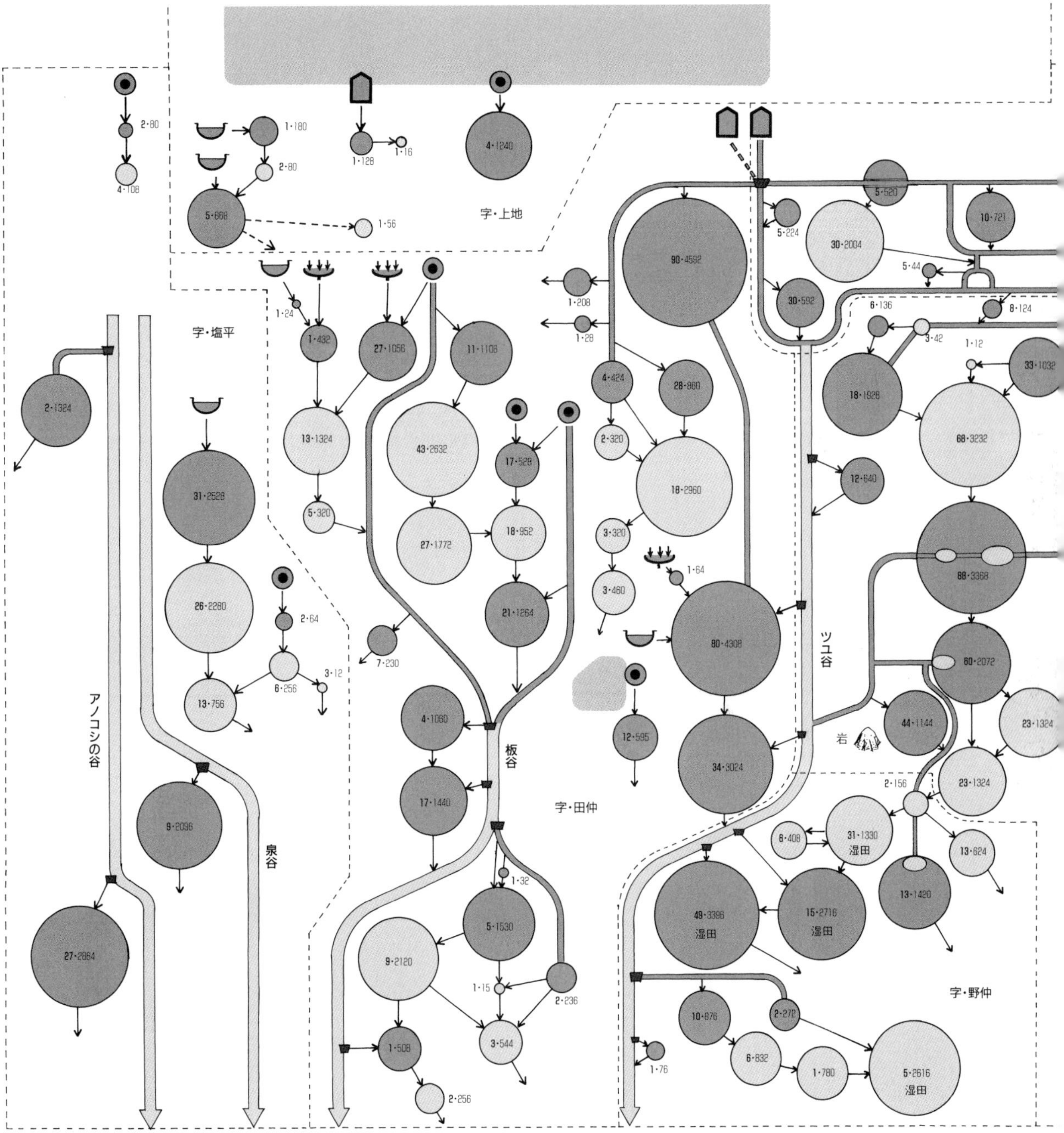

丸山千枚田の水の流れ（明治31年）

石垣と雛壇工事の見積書

石垣雛壇をつくるのに
どれだけの費用と時間がかかったのだろう

■■雛壇造成の建設費を調べる

　丸山の風景は棚田だけでなく、家も寺も道も墓も、そのすべてが大きな雛壇の上に載っていて、造成地が大雨で崩れないように石垣が守っているところに大きな特徴がある。いったいこの風景をつくり出すには、どれだけの労働力と建設費用がかかったのだろう。丸山の風景全体を雛壇づくりによる造成工事と考えて、それを計算してみよう。

　そのためには資料をそろえる必要がある。明治三一年の測量図からは村の開発範囲全体の面積とその使い分けなどがわかる。また町役場が作成した測量図からは現状の姿と詳しい勾配や石垣などの仕様を知ることができる。さらには私たちが調べた全水源地の位置、使い方などが加えられることになり、必要な図面資料はほぼそろえることができた。

　しかし、これだけでは計算することができない。石垣や棚田、畑などをつくるための人手や日数が面積当たりどれくらい必要だったのか、それを知るための資料が必要である。そして、その時期やその作業が村の共同作業であったのかどうかも知りたい。棚田だけでなく、石垣、水路、道、宅地といった工事別に資料があれば、村の雛壇造成の開拓の歴史が詳細に解明できるはずである。

　明治三一年、丸山は約二〇・六ヘクタールの耕地面積を有していた。内訳は水田一六ヘクタール、畑四・六ヘクタールである。この面積を造成するのに、どれほどの人手を要したのだろうか。

それを知る手がかりが『紀和町史』にあった。それは貞享三（一六八六）年から元禄五（一六九二）年にかけての新田開発の願い書である。場所は、丸尾つか、いたが谷、丸せばち、川原田であるが、小字の「いたが谷」以外は現在場所が不明である。いたが谷、丸せばちについて次のように記されている。

［いたが谷］
一新田場所壱反程
此人工三百人
是は来辰春より午ノ年まで三年に植申すべく候
右新田場所在所より隔り、谷間悪所にて御座候へども田地不足に御座候に付、植ゑ申し度存じ奉り候、殊に悴者の義に御座候間、下々八盛（反収）、御定免弐つ（二割）成に願ひ申し候
［丸せばち］
一新田場所弐反程
此人工六百人程、但シ壱反ニ付三百人宛、壱反来辰ノ春中ニ植申すべく候。壱反は巳午年（元禄二、三年）植ゑ申すべく候
右場所作土悪敷御座候へども、世悴ども多く御座候処に田地不足ニ御座候に付、植申し度、存じ奉り候、殊に悴ものの儀に御座候間下々八盛、御定免弐つ成弐願ひ奉り申し候

この願い書では新田開発の場所を「用水少々」、「山中」、「悪所」、「作土悪しき処」などと述べつつ、田地不足を説明している。開墾は、拓いた田ごとに順次三年で作付け、反当たり三〇〇人、他の願い書では四〇〇人で拓く計画であると述べている。

■ 雛壇造成の総人工は九万三六三二人

反当たりの手間の根拠が出たので、耕地、宅地、道づくりなどの雛壇造成工事の総人工《にんく》の計算をしてみよう。

そこで、下表のように明治の測量図から、開拓された雛壇全体の面積を高位雛壇と中段以下に分け、一反を計算上一〇〇〇平方メートルとして造成人工を概算してみた。

高位にある雛壇の勾配は一六度以上一九度程度であり、勾配の急なところにあるため反当たり四〇〇人として計算する。中段は一五度以下を目安とし、勾配の緩いところなので

棚田字名	面積（m²）	面積（反数）	高位雛壇（勾配強い）	下位（勾配緩め）
上切	35,153	3町5反4畝	1町7反余	1町8反4畝
宮の谷	15,383	1町5反5畝	——	1町5反5畝
大坪	32,622	3町2反9畝	1町6反	1町6反9畝
里地	14,916	1町5反	1町5反	
上地	2,476	2反5畝	——	2反5畝
野仲	15,702	1町5反8畝	——	1町5反8畝
田仲	30,198	3町5畝	1町5反5畝	1町5反
塩平	12,368	1町2反5畝	1町2反5畝	
計	158,818	16町1畝	7町6反余	8町4反1畝

100年前の棚田の面積
（明治31年の測量図からの推定）

反当たり三〇〇人として計算する。

棚田造成の人工数は次の通りとなった。

勾配の強い棚田　三万四〇〇人
勾配の緩い棚田　二万五二三〇人
合計　五万五六三〇人

しかし、人工数はこれだけではない。丸山の雛壇造成はさらに畑地、屋敷まわり、水路工事、その他坂道の石敷き、石段工事も含まれてくる。これらの人工数はどうであろうか。畑に対して反当たり三〇〇人を、屋敷まわりは精密丁寧な造りであることから反当たり四〇〇人を当て、計算した。

また水路工事に関しては『熊野市史・上巻』に猪垣、新溝（水路工事）の史料が詳しく載っていて、この史料を参考にすると水路工事一間当たり二人になる。水路だけでなく、道路にもこの数値を使って計算してみた。村内の道路については熊野街道、新宮北山街道、並びに村内小道、石段などを含めた総延長を計上した。これらの合計は三万八〇〇二人で、以上の雛壇造成工事と水路、道路などの工事人工の総合計は九万三六三二人となった。

先にあげた『熊野市史』では、昔の開墾内訳が不明なために昭和五五、五六年頃の三重県農政課による山間部の開墾地造成の内訳を紹介している。それによると反当たりの人工数は三五五・三人となり、先の元禄期の新田願い書にある反当たり三〇〇〜四〇〇人の中間値を示していた。これによっても近世初期の反当たり造成人工は、実作業に裏打ちされたものであったことがわかる。

造成工事と黒鍬さんの仕事でもある石垣積み工事に分けてみると、前者が約七四%を占め、石垣積みは二六%になる。造成のための土木工事の割合が過半なのである。ここに村人が参加していたのであろう。

■■雛壇造成の総工費は二〇億円以上

丸山の雛壇造成を仕上げるには現代のお金に換算してどのくらいの費用がかかったのだろうか。次にそれを計算してみた。

総工費については平成九年とやや古いが、積算用に使う『建設物価』三重県の欄から石積み人工と普通作業員費から平均単価を求め、日当を二万二二二〇円とし、総人工数九万三六三二人にこの単価をかけると、総工費は二〇億八〇五〇万円余りと算出された。

造成箇所	面積（m²）および長さ（m）	反数	人工数
畑	45,900m²	4町6反3畝	13,890人
屋敷まわり（54軒）	14,621m²	1町4反7畝	5,880人
水路総延長	5,138m	2,854間	5,708人
村内道路	11,272m	6,262間	12,524人
計			38,002人

棚田以外の造成人工数の内訳

ただし、ここには本工事の工具の損料、協議打ち合わせ費のほか、景観の要素である民家、寺社、墓、石祠などの建造費や周辺の樹木、柿、竹林など有用木の造林・造園工事の費用は、もちろん含まれていない。

想像を絶する長い工期

延べ九万三六三二人工を要した丸山の雛壇造成工事と耕地づくりには、どのくらいの工期がかかっているのだろうか。

先の新田開発願いによれば、六年間余りで六反歩を開拓し、反当たり三〇〇〜四〇〇〇人と計画している。この人工は開田する家人の手間と、結いなどによる労働交換制度に伴う村人の助力もあったとみるのが自然である。

これらが半々だとすると、それぞれ一五〇〜二〇〇〇人になり、また家人の割合が三分の一とすれば、家人の手間一〇〇〜一三三三人、村人や縁者の手間二〇〇〜二六六人を一年間に投入したことになる。

ところで、この時代、丸山にはどのくらいの人が居住していたのであろうか。調べてみると、慶長から明治初期にかけての戸数と人口は次のようになっていた。

慶長六年　戸数一一戸　人口不明
元禄三年　戸数二二戸　人口七五人
元禄四年　戸数不明　人口八〇人
明治四年　戸数三〇戸　人口一三七人
（男七一人、女六六人）
明治三一年　戸数四一戸　人口不明

町史によれば、慶長六（一六〇一）年には相当数の未登録人がおり、実際の戸数も倍ほどあったはずと推定している。すでにこの時代には元禄期の姿を丸山は有していたであろう。元禄三年には二二戸、人口七五人であるから一戸当たり三・四人の家族構成である。

この家族数で開田に（家族の人工手間を二分の一と仮定して）年間反当たり一五〇〜二〇〇人を投入できたであろうか。これは日々の生活を支える労働をした上での人手の投入である。開田が農閑期を主とした作業であったとしても場所は山村である。村人の助力があり、かつ米を食うことの願いがあったとしても狂気の沙汰に近い労働力の投入に思えてくる。

あるいは夕方、早朝などの空きの時間をつくり、少しずつ夫婦で拓いていったのだろうか。近世初期の米を食うことへの願望とその村づくりへの宿願は、今日の我々には想像のつかない内容をもっていたにちがいない。

延べ九万三六三二人を素直に史料の数値のまま年間三〇〇人で割ると三一二年強の工期となり、四〇〇人で割ると二三四年強の工期となる。いずれにせよ丸山の景観づくりにはかくも長きにわたる労働を要したのである。

景観の原型の半分弱が中世までに形成され、近世初期の一〇〇余年に仕上げられたと想定しても、丸山に定住し一所懸命に暮らすこと、生きることが、これほど長期にわたる仕事になるとは、私たちは知らなかった。丸山に暮らしてきた村人の宿願が、もし悲観的なものであったのなら、今の丸山はけっして存在しなかっただろう。

想像を絶する重労働の石垣の雛壇づくりがなし得たのは、親から子へ、子から孫へと地域の未来を明るくするための作業であったからだということを丸山の景観は、私たちに教えているのである。

丸山の棚田の風景は
どのように変わっていったのだろう

江戸時代の村の姿を求めて

■■ 丸山と米づくりの条件

丸山の集落と耕地は、丸山川の流れに沿って南西に傾斜している。そのまま視界は遮られず、目の前の山々は低く眼下に位置している。つまり村は南西に開いているので、夕日が沈むまでの日照時間は長い。日が射せば日中は暖かいが、紀伊半島の南端近くで黒潮に近いところながら、夕刻からは夏でも寒さが強くなっていく。これは丸山が山の上の集落であるためである。

米づくりの立地条件は、稲の生長期間中の日当たりがよいこと、日照時間が長いこと、さらには水の調節が十分できること、家から近く水田の管理が容易なことなどである。加えて稲の育つ時期に日中暖かく、夜間は冷涼であること、さらに害虫の防除が可能であれば米の多収穫が可能になってくる。

以上の条件を丸山は満たしていたが、多収穫は関西や紀伊地方では無理な理由があった。それは天候である。梅雨が長く、台風の通り道であることによる。この季節、近畿地方は雲が多くなると稲が育つための日照が遮られ、育ちを悪くするという。稲は水を好んでいても日照不足となっては育ちにくく、温暖、曇天という条件は害虫のメイ虫、イモチ病の発生の好条件でもあった。

この天候と山地の悪条件を克服するための農業改良が全国で試みられ、結実し始めるのは、明治末期以後のことである。それ以前の丸山の米の収量は少なく、しかも不安定なものであったはずである。

■■ 山村生活と丸山の生業の特徴

丸山の雛壇造成工事は、ずいぶん長期にわたって行われ、多大な人手をかけてできたものであるが、明治の四一戸の時代でも、全耕地面積は概算で二〇・六ヘクタール、内訳は棚田約一六ヘクタール（一六町歩）、畑約四・六ヘクタール（四町六反）である。これは一戸当たり平均にすると、耕地は棚田約〇・三九ヘクタール（三反九畝）、畑約〇・一一ヘクタール（一反一畝）である。

町史によると、江戸時代、米は反当たり平均三・七五俵（二二五キログラム）の収量があったという。一戸当たり一四・六三俵余りの収量があったことになるが、年貢は田に約六〇%、畑に三五%が掛けられたというので、米の手取りは五・九俵弱となる。一人当たりの米の消費量は昔は現代よりも多めとみて、年間一・三俵ほどだったとすると、一戸当たり平均四・五人まで米で養えたことになる。

しかし米は通貨の代わりとして使用することもあったため、不足分は麦やさつまいもなどの畑作物で補った食生活だったであろう。

丸山での田、畑からの農産物や周辺からの採集食材は自給体制にあるものの、それ以上の収穫高にはなっていなかったと思われる。丸山の人口、戸数は増加しつつあったが、自給食料はたえず不足気味だったのではないだろうか。だから畑作物のさつまいも、麦なども糧《かて》とし、さらに田、畑の開拓を可能な限り続けていたと想像できる。

山村生活では田畑の仕事以外の職業を主とし、しかも数種類を兼業して稼業の可能性を高めておく必要があった。山村の特徴といえば、山の神々を奉じ、多彩な方法で山の資源を採集、加工し、都市の需要に応える点が重要である。山の資源は、熊野川流域でいえば第一に林業であり、それらの加工業である。さらに、金属（銀、銅、鉛など）の採掘と加工業、熊野三山の信仰関連業が加わってくる。丸山の職業でいえば、林業とその加工業、石垣づくりの黒鍬さん、そして銅山稼ぎに出る人々であろう。

林業といってもその職種は多く、分業の幅も広い。伐木、運搬は杣✦1が、製材は木挽《こびき》が、木材移送は駄賃持✦2、筏師《いかだし》などがいる。加工

✦1
樹を植えて材木をとる山、またその山から伐った材をいう。さらには杣山の樹を伐る人も杣（そま）と呼んだ。きこりのこと。

✦2
牛馬を使って運搬業をする人

		戸数	組内居住者			
北組	上地	7戸（空家1）	12人	本家2	分家4	元から1戸1
東組	上地	10戸（空家1）	15人	本家2	分家6	元から1戸2
南組	里地	12戸（空家2）	17人	本家4	分家6	元から1戸2
西組	下地	8戸（空家1）	12人	本家1	分家5	元から1戸2
合計		37戸（空家5）	56人	本家9	分家21	元から1戸7

丸山集落37戸の内訳
（平成12年現在）

業としては杉皮の立ハギ師、木羽職、木地師などの専門職がいる。集落の周辺に竹林がたくさんあり、竹細工職人もいた。そう言えば丸山を案内してくれた北富士夫さんたちも木挽仕事で九州、四国、関東へと出向いている。山仕事の組織は全国ネットで広がっていた。

■■丸山の草分けの家はどこか

草分けの家とは初めてその村を開拓・定住した家のことをいう。草分けに連なる人々は本家、分家の人々である。丸山に現在三七戸ある家から本家、分家の動きを追ってみよう。丸山の村は現在、前頁の下表のように、四つの組に分かれた自治組織を結成して、村人は現在五六人いる。大半の家は高齢の御夫婦のみ、または一人住まいの状態である。空家となっているのは、子供の通学に丸山では不便などのさまざまな理由で村を出たり、下に降りた家である。空家は五戸あり、内には本家もあり、分家もあった。丸山の三七戸の内訳は、北組、東組は上地にあり、計一七戸となる。里地にある南組は一〇戸、下地は八戸と、下にいくほど少なくなる。

三七戸の本家・分家の関係を見ると、本家九戸、分家は二一戸、元から一戸は七戸となる。村の草分け筋は本家と元から一戸の合計一六戸であるかもしれない。そして村の開拓が進み、二〇余戸の分家ができたのであろう。

本家、分家、元から一戸の三つを組別、字別に区分すると下表のようになる。この表を見ると、分家をたくさん出しているのは、上地の四つの本家で、八戸の分家を出している。この分家は同一組内に四戸、他の組に四戸が立地していて拡大している。また上地にある本家筋は里地の本家とも縁続きとなることが多いようであるため、丸山の村の草創は上地を中心に、そして次第に棚田の多い里地、下地へ展開していったと想像できるのである。

■■上地はどんな山の村だったか

村の草創と考えられる上地はどんなところだったのだろう。里地は水田が多いのに比べ、上地は畑が多い。一つの村であってもずいぶん土地の性格が異なっている。明治の頃には、上地の戸数は水のある西側に七戸、水のなかった東側に九戸ほどあった。ここでの飲料水

	本家（姓）	組内の分家数	組外の分家数	元から１戸（姓）	他
北組（上地）	北中	2	1（東組）	田仲、上地	
	北岡	0	1（東組）		
東組（上地）	上の平	1	1（北組）	舛屋、唐古島、林、仲本	
	大石	1	1（里組）		
南組（里地）	寺前	1	1（西組）	小西、福山	原
	大家	1			
	東	1			
	北	1			
西組（下地）	奥	2		野仲	
	更家	2			
合計	10	12	5	9	1

本家、分家、元から１戸の家調べ

は丸山川の上方から延長一五〇メートル余りを懸け樋で引き、共同の水汲み場をつくり、各戸が毎日ここで水汲みをする生活をしていた。

　畑は一戸当たりに平均すれば四二〇坪ほどと小さい。生産額はかなり少なく、自給の範囲であっても補助食料の生産地でしかない。したがって、この村が他の職業を主業として拓かれたことは明白である。

　視点を変えて上地を見ると、上地の集落は山の中を東西に走る熊野古道と丸山川を川下から千枚田を登ってくる新宮北山街道の交点に集まっている。前者は熊野三山の信仰の道であり、後者は良木として知られた北山杉や檜を筏組みし、川流しで新宮港へ運んだ筏師たちの帰り道だった。

　上地は、古くから街道の小さな宿場や休憩場所としての意味が大きかったのであろう。天保年間の年号が記された山の神の石碑が上地の山手にある。上地は山寄りの地で、北奥の山々に入りやすい立地にある。あるいは長尾や赤木からの出作地《でづくりち》✦3であったところが、次第に林業や黒鍬さん、木地師などを兼業として拓かれた山村だったのではないかと想像している。

■■人口増と連動した新田開発

　丸山の人口、戸数がどのような変遷をしたか、史料を調べてみると、下表のように戸数が増える時期が二回ある。戸数が二倍になるのは慶長から元禄にかけて、西暦で言うと一六〇〇年頃から一六九〇年頃までの九〇年ほどの間であり、戸数が三割以上増加したのは明治初年から明治三〇年代の間である。この二つの時期に丸山は大きな開拓が行われ、その反映として、戸数と人口が増えたのであろう。このことから村の開拓の風景を年を追いながら復原してみよう。

　先に記したように、丸山には近世初期に出された新田開発の願書が数点残っている。この新田開拓の場所が、みな棚田の中心地より外れた西端の沢沿いであることを考えると、中心となる宮の谷の川沿いの開発は、この頃にはすでに完了していたと推定できる。

　井堰と用水路を導入した棚田の大改良工事が行われたのは、いつのことだったろう。あるいは近世初期ではなかったかという推測が

年号	戸数	人口
慶長 6（1601）年	11	不明
元禄 3（1690）年	22	75 人
元禄 4（1691）年	不明	80 人
明治 4（1871）年	30	137 人（男 71 人、女 66 人）
明治 31（1898）年	41	不明

丸山集落の人口の推移

✦3　近隣の村から他の土地に耕作に出ること

✦4　島根県大田市にある古い銀山で大森銀山ともいう。一四世紀の頃銀山が発見され、一六世紀以後に、博多商人たちが海外から伝来した灰吹法（石臼で細かい粉状にした金鉱分を灰によって金と銀に分離する精錬技術）を石見に導入し、生産は増大した。当時の日本で産出した銀のほとんどが石見産といわれ、海外に売られていた。領有は大内氏、毛利氏などが争った後、豊臣秀吉へ、徳川幕府直轄領となった。石見から紀和町の銅山へ来住した人々も町史に記録されている。

生まれるのは、この時期に戸数が二倍となる史料や周辺の村々でも元禄期には井堰があるという史料からの類推である。

丸山の動きは日本の人口変動の動きに連動していた。近世初期の日本の人口はおおよそ一五〇〇万人、後期には三〇〇〇万人近くに膨らんでいく。それを支えたのが、日本中の村々で行われた新田開発だったのである。

明治三〇年、日本の人口は四二〇〇万人を超えていた。明治期もこの人口増を受け、洋式技術を導入し、増産に力を入れ、作付面積、収量が急増していく。そして明治期は、現在見る丸山の棚田の完成期だったのではないか、と私たちは考えている。

■■ 井堰の登場は近世初期

丸山に井堰と用水を導入したのが近世初頭ではないかと推測できる理由がもう一つある。

井堰は用水とも疎水とも呼ばれているが、日本の大規模な用水および排水路を代表とするものとしては、下表のものがある。これらはすべて江戸初期の事例である。井堰が取水の方法として歴史に登場する時代が江戸初期なのである。いずれも測量技術によって水の落差を定めてから工事が行われた組織的な大仕事であった。

中世の頃は砂金採集であった佐渡の金山は、中世末になると、場所を沢根、相川へと移し、岩山の中から金鉱石を発見し、大開発を開始する。沢から地中へ向け坑道を掘り、鉱脈の位置をつかんでから鉱石を割り出し、水辺で、金銀の多い鉱石を選別し、石臼で粉のように砕き、そこから金銀分を精錬した。

この技術は当初、海外から石見《いわみ》銀山◆4へ導入された当時の新技術で、佐渡へ技術移転され、さらに日本全国の鉱山に普及していく。坑道掘りはトンネルを掘り、金銀銅脈を追うことであったが、掘り進み、深度が増すと、坑内は通風対策、湧き水が問題となる。そのためにつくられたのが、水金沢水貫間歩や南沢疎水であった。以上の理由から、丸山の井堰とその水路工事は近世初期に行われ、元禄期にはその成果が現れ始めたと推測したい。

■■ 井堰がなかった頃の風景

以上の仮定をもとに、井堰、横井戸がまだ

名称	竣工年	目的	
水金沢水貫間歩	寛永 3(1626)年	佐渡金山の坑内排水	延長 873m
辰巳用水	寛永 9(1632)年	金沢城兼六園への用水	
箱根用水	寛文 6(1666)年	水田への給水	延長 1340m
南沢疎水	元禄 4(1691)年	佐渡金山の坑内排水	延長 922m

江戸初期の代表的な用水

なかった時代の丸山を想定してみよう。

もっとも横井戸は地上に湧く水を追い、水脈を探し当てるわけだから、横井戸がなくても以前は古い滲み出し井のようなものがあったかもしれない。あるいは一帯は湿地として使わずにあったか、隣接地は畑地だったのかもしれない。また『紀和町史』によれば、イズミ谷、アノコシ谷の棚田は江戸初期末の開発田と思われるところが濃厚である。

井堰以前の棚田とは畦ごしの田と水通し田を中心とした技術で棚田が形成された場合の水田地帯である。この技術を使った古い棚田は、湧水のあるツユ谷、板谷の海抜三〇〇メートル前後にあり、その下流にも日当たりは悪いが、この方法で通水された棚田群があったのであろう。井堰の水がないとすれば、上切、宮の谷の水源は海抜二二〇メートル以下となるので、そこから下流にしか田はなくなる。井堰とその水路がないとすると、丸山の水田面積は明治末の半分以下の規模となる。

■■四〇〇年前、七町二反の棚田があった

『紀和町史』によれば、四〇〇年前の慶長六(一六〇一)年、丸山には七町二反(七・二ヘクタール)余りの棚田があったらしい。その棚田は現在どのあたりにあるのだろう。

『紀和町史』には下表のような字名が記されていた。名に「坪」という漢字が付いている。この「坪」は面積の坪ではなく、たんぼの古名と理解したほうがよさそうだ。「大坪」のたんぼ、「里」のたんぼという具合にである。表では矢印で現在の地名との関連を示したが、字「大坪」、小字「石の前」は同名が現在もあり、この地は慶長の名と同一と考えてよさそうである。「里の坪」は現在の里地の田であろうし、「須田の坪」は字板谷の上流にスダの谷があり、その付近の田と考えられる。こう考えると「須田の坪」以外は、現在の千枚田の下半分の地名となる。

慶長六年の地名に注目したのは、現在そこが、水通し田と二、三平方メートル程度の小さな田が集中する地帯だからである。面積も七町歩余りあるので、慶長期の丸山の棚田が、水通し田を中心として開拓されていたと考えてよさそうである。水通し田による通水方式は、井堰以前の田地開拓の手法だったのであろう。

棚田の字名	面積(m²)	
大坪	20,906	→現在同名の字あり
石の前坪	23,810	→現在同名の小字あり
里の坪	10,727	→現在の里地か?
須田の坪	16,717	→現在のスダの谷か?
計	72,160	

400年前(慶長6年)の棚田の面積

三〇〇年前の棚田の姿

慶長六年から九六年後の元禄一〇（一六九七）年の棚田の面積と田の枚数がそれぞれわかっている。慶長六年には七町一反八畝あり、九六年後には六町四反九畝と、なぜか減っている。原因を示す史料はない。『紀和町史』では六町四反九畝を枚数で割り、一枚の田は平均一〇坪余りと計算している。

元禄一〇年の史料にある地名を明治の字名と同一地と仮定して比較してみると、字里地だけ元禄一〇年に棚田が三一九枚あったのに対して、明治三一年には一九七枚と一三三枚も少ない。里地の屋敷や畑の面積が、ほぼ減った分あり、このことから上地に居住していた村人が数軒、生活用水不足や水田耕作の不便さから里地に下ったためと考えられる。栽培管理は当然のことながら、いつの時代でも耕地のそばがよいはずである。そして水田を宅地と野菜畑などに変えたのが主因であろう。一三三枚減の面積は水田一枚一〇坪とすると一三三〇坪余となる。仮に五戸に割り当てると二六六坪となる。丸山で暮らす屋敷構えには、この程度の敷地が必要だったのである。里地以外はどうであろうか。

野仲　一八四枚→一五五枚（二九枚減）
大坪　八二五枚→八三〇枚（五枚増）
上切・宮の谷　八一四枚→七八七枚（二七枚減）

たんぼの形は時代ごとに整理統合されるものもあろう。この程度の増減は近似値といってよい範囲にある。元禄時代後期には、すでに同一地域に明治三一年の水田面積と同程度の棚田が存在していたと考えてよさそうである。つまり元禄期頃には、丸山川の井堰工事が行われ、ほぼ現状に近い棚田群の景観が丸山に存在していたと考えられる。

新しい技術が新しい資源をもたらす

丸山では一升マキ、三升マキ、一斗マキなどと一枚の田を呼ぶことがある。一斗マキは一反（三〇〇坪）、一升マキは一畝（三〇坪）の面積の田のことで、マキは蒔と書き、面積の単位として使ったと村人はいう。

調べてみると、「蒔」という漢字は中世の田地の面積単位として全国で使われた用語で、耕地の広さを蒔く種の量で表したものだといわれているが、その面積がどのようなものであったのか定かではない。他の山村ではマキが畑、特に焼畑の面積の単位を呼ぶ例が多いので、草創の頃の丸山は焼畑の村として開拓されたのだろうか。ともあれ、丸山の二四三八枚のたんぼの中に、中世以来の耕地の呼称が伝わっていたのであった。

　棚田や畑、屋敷で構成される丸山の雛壇の中には、さまざまな時代の技術が生かされていて、それらが重層化した景観になっている。

　中世には田ごしと水通し田の通水システムが導入された。近世初期には井堰による通水技術が導入され、新たな棚田群を開拓させ、かつ中世の棚田群への通水量を増大させた。さらに明治期には開田量を増やし、米の増産を行っていった。次々に時代の技術を取り入れ、丸山で生きるために、それまで「なかった資源」を「ある資源」に生かし直していたのである。

　中世末にはかなり精度の高い測量術が日本に入っている。佐渡では測量を行う人を振矩《ふりがね》師《し》といい、元禄八（一六九五）年に静野与右衛門が、金山全体にわたる地中の鉱脈図を完成させ、ここでの排水方法が確立し、金銀山を大盛に導いていた。中世にはなかった技術、すなわち測量術や鉱石から金を分離する各種の技術が日本に入ると、「なくなり」始めた砂金に代わり、新たに岩山の中に「ある」金鉱石から金を採ることができるようになったのである。中世後期の技術では資源は「ない」状態であったが、新しい技術がもたらされると資源は「ある」ことになり、日本はこのとき、近世の幕を開け、新しい時代に入っていったのである。

　紀和町も古くから銅山で栄えた町であった。あるいは丸山の井堰づくりもこの頃、鉱山の技術が転用されたものではないだろうか。横井戸は小さいながら坑道掘りと同じである。取水後の導水は水路に頼る。測量術、井堰、水路、横井戸がセットになって普及したのかもしれない。

　近世初期に入った新技術は、近世の二六〇余年という時間をかけ、日本の技術として定着していく。紀和町の鉱山は近代に入って枯渇したが、丸山などの棚田の村々では、時代ごとのある技術を今も活用し続けているのである。

第3章

海辺に拓《ひら》かれた土坡《どは》の千枚田を調べる

——石川県輪島市白米《しらよね》

白米は奥能登にある。村は日本海に直面していて、千枚田が夕日に映える見事な場所にある。塩を焚《た》く村として古くに拓かれたらしい。以後、湧水を集めて小さな田を拓き、あるいは畑を拡大しつつ田畑を整理、拡充して千枚田の風景をもつ二〇数戸の村に育っていった。

土はすべてロームである。そのため田は水を年中切れない湿

明治20年頃の白米千枚田

［村域］海辺は幅 1km、分水嶺まで 2.8km、村境は川（谷山川、神ノ木河原）。

［主たる水源］谷山川の2つの井堰と用水、本村の溜池と4つの小用水。

［塩田］白米では塩田が大切な収入源であった。

［共同墓地］現在の白米の景観をつくり支えた村人が今もここで村を見守っている。

田である。畦は土坡で築かれ、畦道もこの土を硬くしぼってつくってある。畦切りも年に何度も行う。耕地としての性能を上げるため投入する肥料にも工夫した。

棚田や集水の仕掛け、耕地と山、沢水と堰と水路など、村の景観を構成するさまざまな要素をを見て回り、開拓の歴史を学んでいくと、この風景は村人一人ひとりの、一つひとつの工夫が何百年間もかかって積み重ねられてでき上がったものに見えてくる。あるいは千年単位かもしれない。

たしかに、この景観は百年、二百年ではつくることができない味わいのある風景である。しかし、二一世紀初頭に生きる我々は、短期に機械を使って、何でもつくれるという工業化社会の錯覚の時代に生きている。

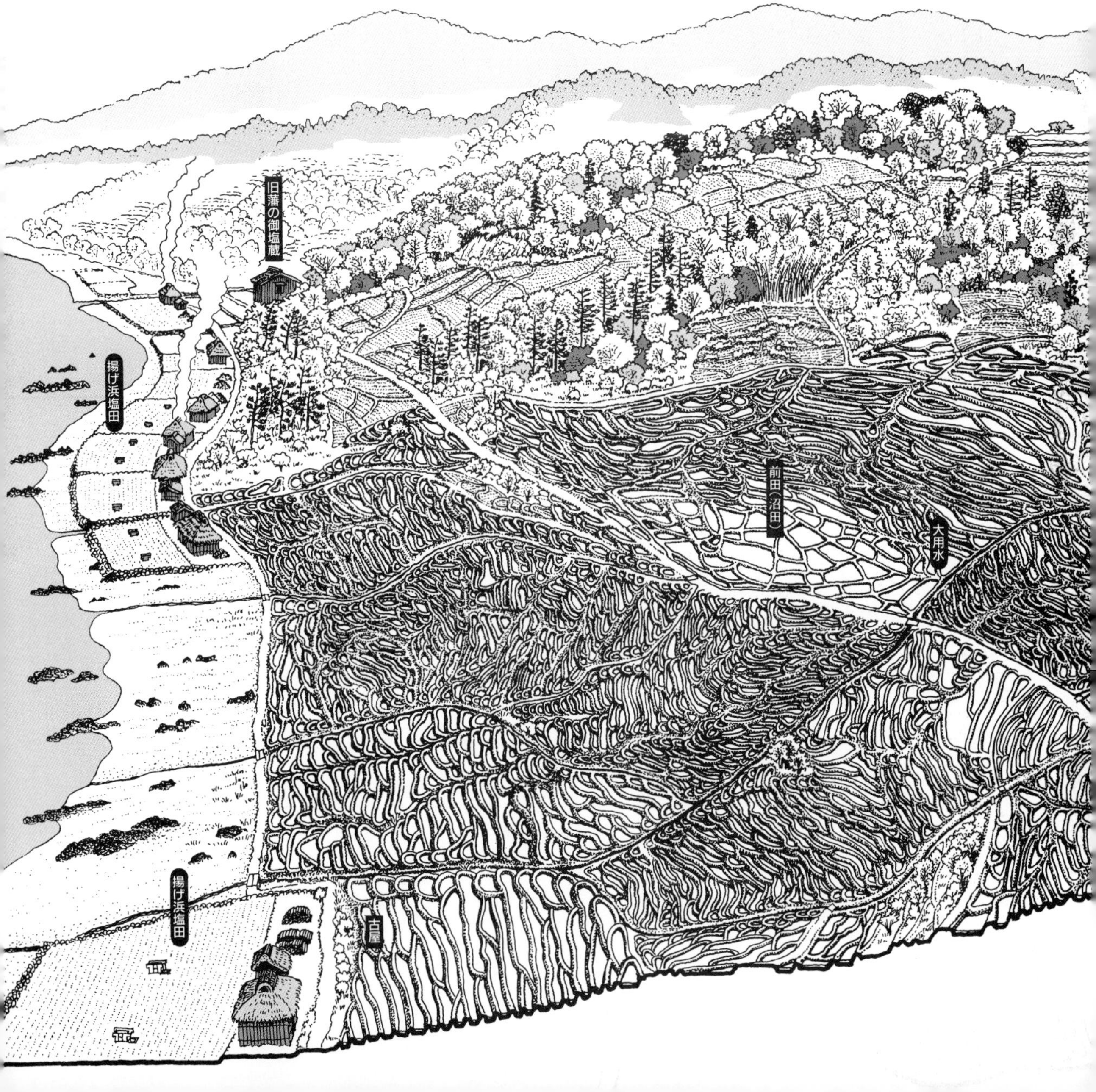

中世が残存する奥能登の村々

白米がある奥能登には
どんな歴史があるのだろう

■■海から見た能登半島

能登半島は前に「口」と「奥」を付け、口《くち》能登、奥《おく》能登と呼び分けられてきた。さらに中《なか》能登という分け方が近年加わっている。口と奥の呼び分けは、近世初期に前田利家が能登を領有し、早々に奥郡、口郡と分けたことから始まるらしいが、ほどなく改められ、奥、口ともに消えている。今となっては、この境界は行政上の区分ではないため、あまりはっきりしない。半島は鳥の手羽を北に向けた形に似ていて、奥能登は手羽の先を指し、羽の肩あたりから胴に向けてを口能登といい、その境界は日本海側の門前町と富山湾に面する穴水《あなみず》、七尾《ななお》を結んだあたりらしい。門前町には総持寺という曹洞宗の大本山があり、七尾には国府《こくふ》✦1があった。ともに成立は古代となる。

地元では奥能登の「奥」は僻《へき》地を指すと、恥ずかしそうにいうが、半島の歴史と文化を見るとそうではなさそうである。奥能登の米の生産高は少ないが、海山の産物の宝庫として存在し、一方、口能登は米どころとして暮らしを形成した歴史があり、それぞれの環境を生かして半島全体として、過不足を補って余りある豊かさを生んでいたのである。

今は半島の日本海側を外浦《そとうら》、富山湾側を内浦《うちうら》と呼ぶことが多い✦2が、海から能登半島を見ると、高くても海抜三、四〇〇メートルといった低い山々が椀を重ねたように連らなり、そこにたくさんの小川が山々を刻んで流れ出ているという印象を与える。そして半島

✦1 律令制時代に朝廷から一国ごとに派遣された地方官のいた役所。

能登半島付近図

は海岸段丘が発達している。

したがって平野というほどの広い平地はないが、半島には外浦を河口とした町野川《まちのがわ》、河原田川《かわらだがわ》があり、その流域は水田地帯となって、山の奥へ続いている。半島を横切るほどの長い流域をもつ川といえば、これ以外にはない。次には小ぶりになるが、南志見川があり、これらの川には枝流、細流が発達していて、その流域にはたくさんの村や町が集まっていた。古くからここを拠点に拓かれていくことになるのである。

■三〇〇年前の絵図の中の村

元禄一四（一七〇一）年に描かれた「能登国絵図」を見ると、現在の輪島市域には八〇の村と二つの町の名が記されている。私たちの棚田の調査地である白米も「白米村　村高九〇石余」と記されている。

村高とは、江戸時代、土地の良否により耕地に等級を付け、その収穫率と面積に応じて村ごとに石高（生産量）を計算したものである。穀物だけでなくほかの生産物、屋敷、船なども含めて村の総生産額で表し、年貢、諸役の課税基準としたが、主になるものは耕地の、特に米を中心とした収穫高であった。

「能登国絵図」では村高一〇〇石に満たない村は一四カ村と少なく、山奥に一〇カ村、海岸部に四カ村あった。白米など一四の村は小さな生産力の村になるのだが、これらの村の実際の主業は耕地ではなく、海の塩づくり、漁業や山の林業、木地などの加工業であることが多く、農業を従と見ると、村の暮らしの姿は大きく異なってくる。

さて話を戻して、先の外浦の川には、どのくらいの数の村が集まっていたのか、元禄の絵図から拾ってみることにする。

小ぶりの南志見川は海から分水嶺の山まで、八キロメートルほどあるだろうか、その流域に九カ村ある。大ぶりの二つの川のうち輪島市街に流下する河原田川は、たくさんの枝流、小流を集め、分水嶺まで二〇キロメートル強あり、流域には二つの町と四〇の村があった。

町野川は分水嶺まで三〇キロメートル前後あり、流域は広く山中に入る。下流の下町野地区には一三カ村があり、上流の上町野地区は三〇カ村、さらに上流域にある能都《のと》町域の

✦2
縄文の遺跡や古代の製塩土器が多出するのは内浦である。能登は古くには内浦の海辺を中心として開発が行われていた。
中世になると外浦の河川流域も荘園、地頭の地として文献に登場し、能登を賑やかにしていく。外浦にある白米など塩づくりの村々が登場するのも、この時代からである。塩づくりは潮を汲み、浜で干し、塩釜で塩を煮詰めていく。大量に使う薪を塩木といい、山地から運んだので山中の村々との交流も増加した。かつ、できた塩は他に売るためのものであった。大きな交易の中に外浦の村は成立していたのである。

村を含めると、合計五〇カ村強の村々が流域に存在していた。町野川は能登随一の大きな流域面積と村数を有する川なのである。

絵図には二つの町と八〇カ村が記されているが、以上の残り一八カ村は海辺に流下する小さな川辺に一、二カ村ごとに点在していて、そこは発達した段丘地帯になっていた。棚田の村、白米もこうした村の一つであった。

一〇〇年前の能登の村々と村高

「能登国絵図」に描かれた村々を現在の地図の上に落としてみると、図のようになる。

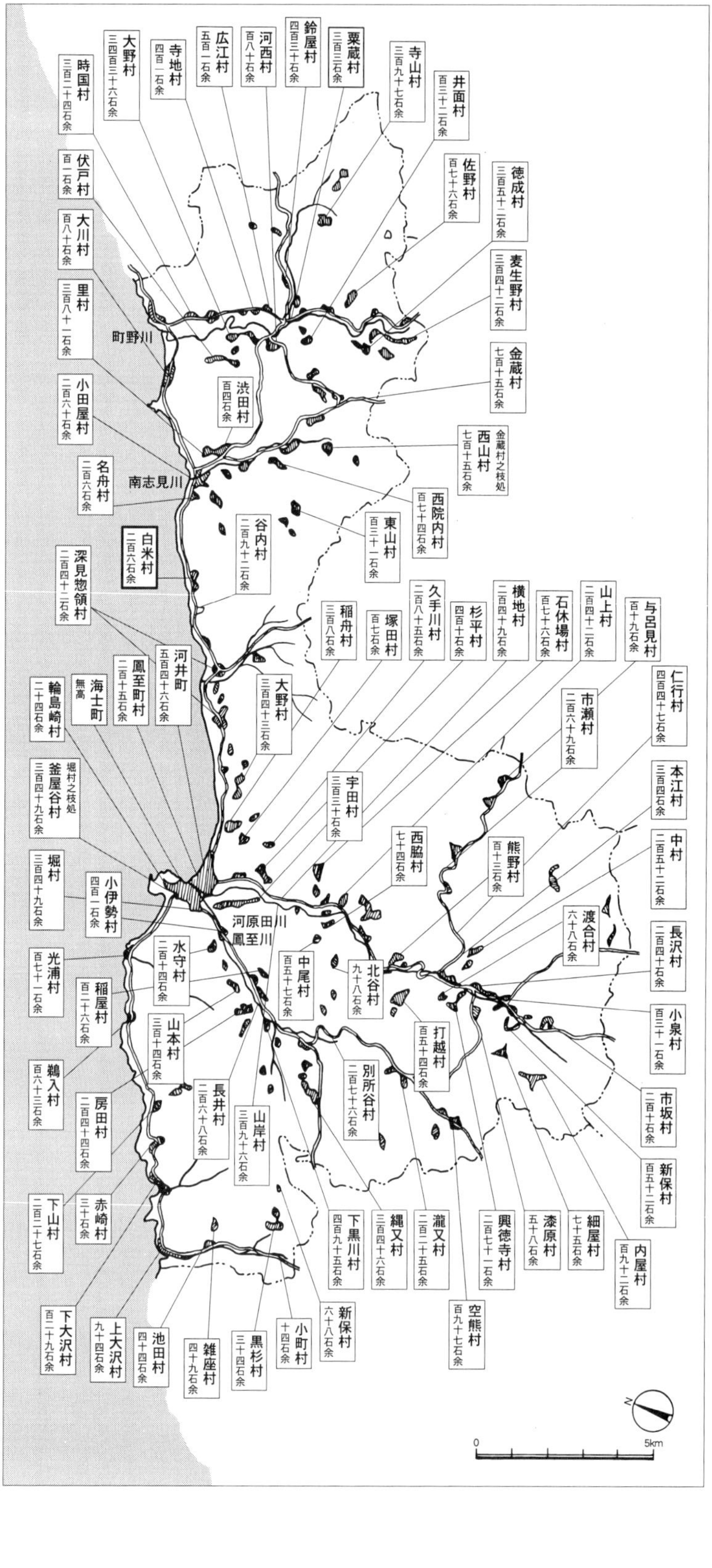

■■ 能登は舟木の島山

能登半島は日本海に突き出ているため古くから海人《あま》の寄り処となっていた。内浦では縄文時代の大集落である真脇《まわき》遺跡が、漁労を中心とした海洋性の強い文化があったことを今に伝えている。海運では古代から登場する七尾や現在の輪島港に当たる大屋《おおや》湊《みなと》が、京へ向かう北陸の拠点として浮上してくる。

外浦一帯は大きな川筋を中心に海と山を開拓していく歴史を形成していくが、能登の国が日本史に登場するのは五、六世紀と遅い。河原田川流域には古墳や小さな条理があり、大きな鍛冶《かじ》の遺跡、土師器《はじき》や須恵器《すえき》の窯跡の出土などが見られるが、この時代の詳細は明らかになってはない。

能登が越前から分離されたのは養老二（七一八）年で、珠洲《すず》、鳳至《ふげし》、能登《のと》、羽咋《はくい》の四つの郡に分けられ、その下にそれぞれ郷を置き行政区画とした。郷はさらに里（当時の村）に分けられ、羽咋郡以外が現在の奥能登に当たる。珠洲郡は半島の先端、外浦は鳳至郡に属していた。当時の輪島は大屋郷といい、河原田川の中流域にあったといわれている。

天平二一（七四九）年、越中の国司となった大伴家持は、能登半島を巡行し、口能登から船や徒歩で外浦、内浦、富山湾内の穴水へと廻ったとされ、そのときに詠んだといわれる歌が「万葉集」にある。

鳥総立て舟木伐るという能登の島山
今日見れは木立繁しも幾代神びそ

鳥総《とぶさ》とは木の実や枝葉の繁った先をいい、樹木を伐った後に、山の神に対してその鳥総を立てておく習慣が、当時からあったのである。舟をつくるために木を伐った後を今日見ると、木立が繁っていて幾代も経た神々しさだ、というほどの意味である。

この時代、東北への進出が行われていたため、軍事的にも海に突き出た能登の舟木は重要だったはずである。✦3 巨木であればあるほど大型船がつくれることになるので、東北進出のための造船の命が能登へ下ったり、渤海《ぼっかい》国使の帰国ための造船やその出港地になっていた。半島はこの頃、巨木が繁る森林地帯となっていて、都《みやこ》の求めに応じてたくさんの人が舟木を伐り、刳《く》りだし、舟形を整え、軽くしてから海辺へ搬出するといった造船の風景

✦3 当時、鳳至郡には舟木部が置かれていたが、舟木部のあった場所は山間から舟木の運搬が容易な集落や人手も多い河原田川の中流域ではなかったかと、『輪島市史』は推定している。

が、この家持の和歌からは浮かんでくる。

■■中世の村落と時国《ときくに》家

中世後期になると奥能登では南山、北山、時国、栗蔵など力のある名主《みようしゅ》による未開地の開拓が、盛んに行われていた。場所は町野川などの枝流や源流域である。そのため村境は入り組み、飛地が散在する状態となる。この大きな名主による名田《みようでん》✦4開発は、近世に入ると次第に交換、整理吸収されるが、この中世後期に行われた開拓が近世の村の原形となった。しかし、一方で海の生産力が豊かだったためか、海岸地域には強大な地主の成立しない村も多く存在していたらしい。

民俗学者、宮本常一はその著書『中世社会の残存』で、次のように能登半島の村々の耕地経営の特徴を述べている。

「(近世にも)なお、中世の、古い勢力を保持した家は少なくなかった。中世の黒丸、時国両家、泉の諸氏はじめ、下人二、三戸をもつ程度の旧家ならば外浦にはなお相当多かった。これらが長く後にまである程度古い体制のまま残ったのは、(中世的な)地割制度のため直営が困難になり、小作に出されつつも労働地代の制度が長く残ったことに一つの原因があるかと思う」(括弧内著者註)

続いて宮本は、町野川下流に遅れて登場する時国家を例に、奥能登の家業の様子を紹介している。それによると久安元(一一四五)年に屋敷の周辺にまとまった五町六反の耕地を所持した時国家の家業は広範域であった。

耕地の経営のほか、海運業を行い、塩製造をし、薪や木材は自家の四〇〇町歩ある山から伐り出すなど、複合的な経営をしていた。これを支える奉公人には、配下の百姓、下人のほか、船頭、水手✦5、塩士✦6がいた。加えることに百姓小作、塩小作などもいて、労働奉仕を一年間で一五日間とするなど、多様な労働形態がこの家業を支えていた。

室町中期の文明一五(一四八三)年頃になると、時国家は二五〇〇坪の敷地に、梁間一〇間、桁行二四間(二四〇坪)の主家と、蔵、納屋など五棟の大きな附属屋をもつまでに成長している。当時の時国家の屋敷見取り図が掲載されている『輪島市史』を見ると、屋敷の外には一七軒の配下の百姓の家が描かれていて、約二〇町歩の名田を経営していた。

✦4
中世の荘園や国衙領の構成単位。開拓などによって得た田地に、所有者の名前を冠して、その保有権を表明したもの。その持ち主を名主という。

✦5
舟に乗って舟を操る人。舟子、かこなどとも呼ぶ。

✦6
塩田で塩をつくる人。

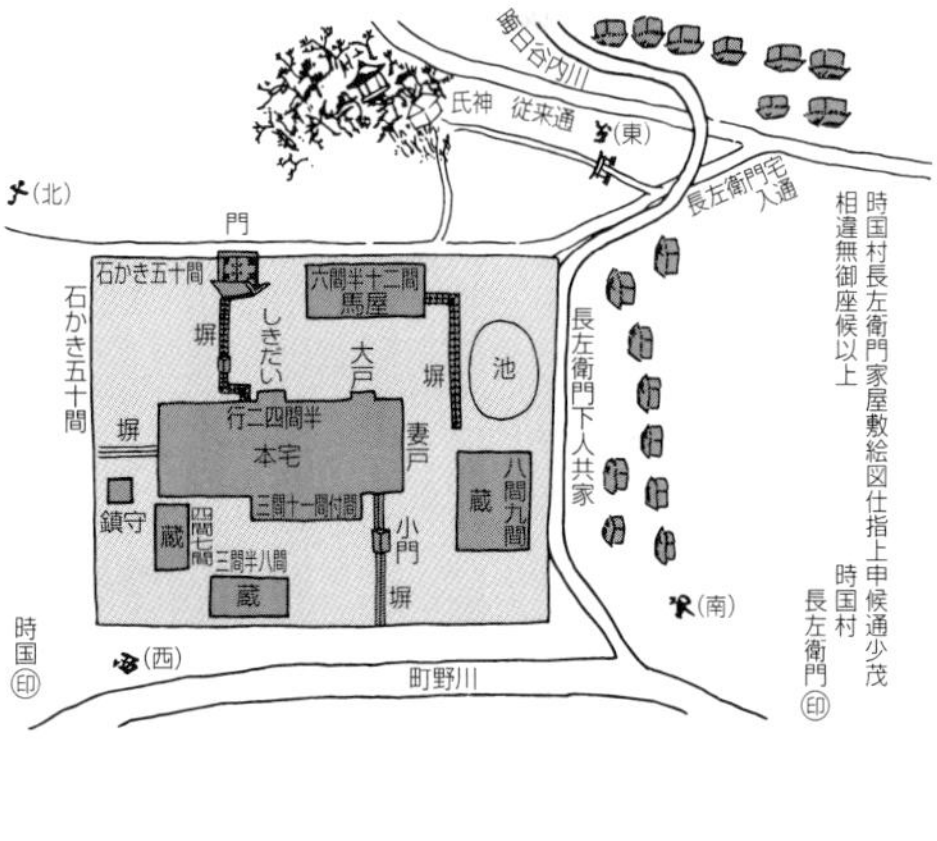

時国村長左衛門家屋敷絵図の模写(元禄五年、一六九二年)

室町中期の頃、奥能登各地には時国家のような大地主の家が数多く成立していた。珠洲郡浪煙《のろし》の七朗佐エ門家、中町野の栗蔵家、神野村の的場家などが、その代表的な家である。これらの家の大きな主屋には時国家のように家人や奉公人、下人の生活の場があり、かつ日常的に厩《うまや》、作業場を兼ねた使い方をしていたと伝えられている。

北の国では野外のニワが使えぬ時期が多く、多数の奉公人をかかえ、大規模経営を行うためには、作業場を兼ねた大きな主屋が必要だった。今でも北陸や東北では大きな主屋を持つ家を見かけるが、内には広い土間や厩がある。かつては、その土間を中心に藁細工などの作業が行われ、養蚕やタバコの最盛期には寝床と炊飯の場以外の主屋の大半、座敷までが作業場として使われていたのである。

■■ 奥能登の海運業

時国家は平時忠の子孫と伝えられていて、文治元（一一八五）年、平氏滅亡の後、時忠は能登に流され、同五年、現在の珠洲市大谷町で没したという。山奥や辺境の地には、こうした落人による開拓を伝える話が多い。

その後、時国家は時期は不明であるが、すでに開拓されつつあった町野川下流域に進出し、農地経営のほか、製塩、山林経営、船持として勢力を伸ばしていく。

山から海までの一連の土地をもつことは、海辺の村の経営にとって重要であった。海は産物を運べる船道であり、漁や塩づくりの場であり、山は薪や木材、その他の採集食料の宝庫として、家や村の自立を支える場であった。小さな規模の白米村もその他の奥能登の村々も、この海から山までを村の範囲とする姿を現在も崩していないところが多い。

時国家の海運業は塩や米、海産物、材木など地元の産物を輪島や富山湾側の内浦などへ運んだのであろう。中世末の頃、海運を行う家が下町野には時国家、柴草屋の二軒があったという。それぞれの持ち船の規模が下表のように伝わっている。

時国家はこの時代、できた船（出来船）の国役赦免状✦7をもつほどの海運経営を行っている。時国家の持船で、塩木船とあるのは、海岸で塩を焚くための薪を運ぶ専用船のことである。川船は川専用の船で、塩木船とともに

時国家

元和 10（1624）年	櫂数 46 枚（そのうち 1 隻の櫂数 9 枚）
寛永 3（1626）年	出来船国役赦免状
寛永 5（1628）年	櫂数 36 枚
寛永 7（1630）年	櫂数 23 枚（以後 29 枚から 45 枚を上下する）
寛文 9（1669）年	櫂数 3 枚の商船 3 艘、櫂数 1 枚の商船 1 艘、櫂数不明塩木船 1 艘、櫂数不明川船 1 艘

柴草屋

寛永 13（1636）年	櫂数 6 枚 1 艘
寛永 17（1640）年	櫂数 7.5 枚 1 艘
寛永 19（1642）年	櫂数 1 枚 1 艘、藻刈船 1 艘

時国家と柴草屋の持ち船（櫂数）の推移

✦7 国役とは中世に守護が割り当てた労役や仕事のことで、この場合は出来船（新造船）の国益を免じられた許可書のこと。

町野川流域から塩づくりを行う海岸へ薪などをひっきりなしに運んでいたのであろう。

　柴草屋の持船にある藻刈船は、海産物のワカメや田畑の肥料となるホンダワラなど海際に育つ海草を刈るための船である。

「橈」という字を漢和辞典で引くと、「ニョウ」、「ドウ」、「ジョウ」などと呼ぶ字であり、意味は「長くしなった木、たわめる木」とあり、「たわめた形をした舟の櫂《かい》」とも説明している。橈という字には、櫂（オール）だけでなく呂（櫓）の意味も含まれているかもしれない。ここでは「ドウ」と呼ぶことにする。

　元和の頃の橈数は、船持ちの家が所有する橈の総数を示していて、船の隻数ではない。橈の総数で示した理由は、近世初期の船への税金が橈の総数を根拠にしていたためである。[8]元和一〇（一六二四）年の時国家には、橈数四六枚の持船があり、一隻当たり橈が九枚という大きな船があると記されているので、ほかはそれ以下の規模の船だったのだろう。仮に橈五枚の船が主だとすると、七隻と橈一枚の船二隻となり、計一〇隻あったことになる。ほかの年に橈三枚の船などの記載があるので、おそらくこの頃には一〇数隻前後の船を所有し、海運業を行っていたと推定できる。

　寛永年間、時国家の持ち船の総数は年ごとに下がっている。そしてまた上がるのは、持ち船の寿命が短いことを示していて、数年ごとに新造船を投入しなければ、海運業で稼ぐことはできなかったのであろう。寛文九年に突然、橈数一〇枚ほどと少なくなる。内訳を見ると、この時の持ち船は六隻、それも小さな船ばかりになっている。老朽化し廃船としたなら、橈数はこれほど下がらず、あるいは新造船を投入しているはずなので、前年と橈数はさほどの変化はないと思われる。おそらくこれは、前年以前に大きな時化《しけ》などの海難事故に出会ったことを示しているのであろう。[9]この半島域は磯が発達していて、また常に低気圧の通過地帯であるため、たくさんの船がこの海域で難船している。日本海に面する外浦で良港といえる港は輪島のみで、避難がしにくい海域なのである。

　さて、橈数九枚などと数量で示される船が、どんな船か知りたくなった。調べていくと文化九（一八一二）年に描かれた「能州宇出津鯨猟図絵」（金沢市立図書館蔵）に出会うことができ

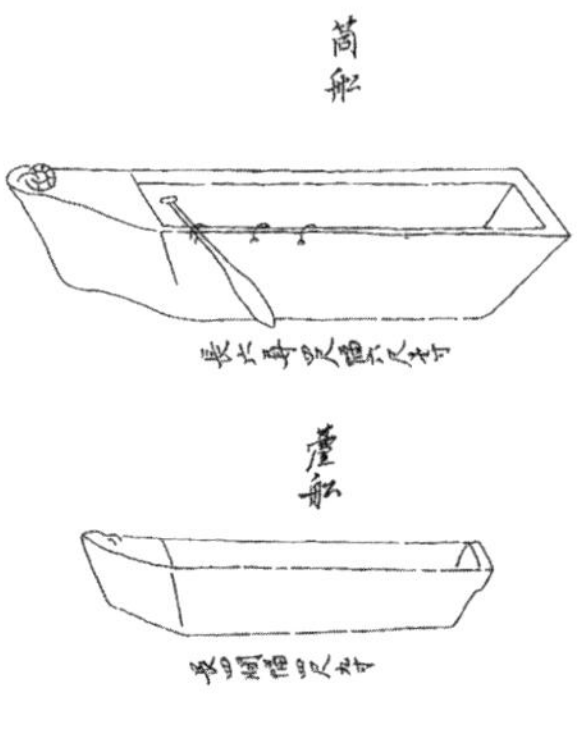

能州宇出津鯨猟図絵（文化九年、金沢市立図書館蔵）

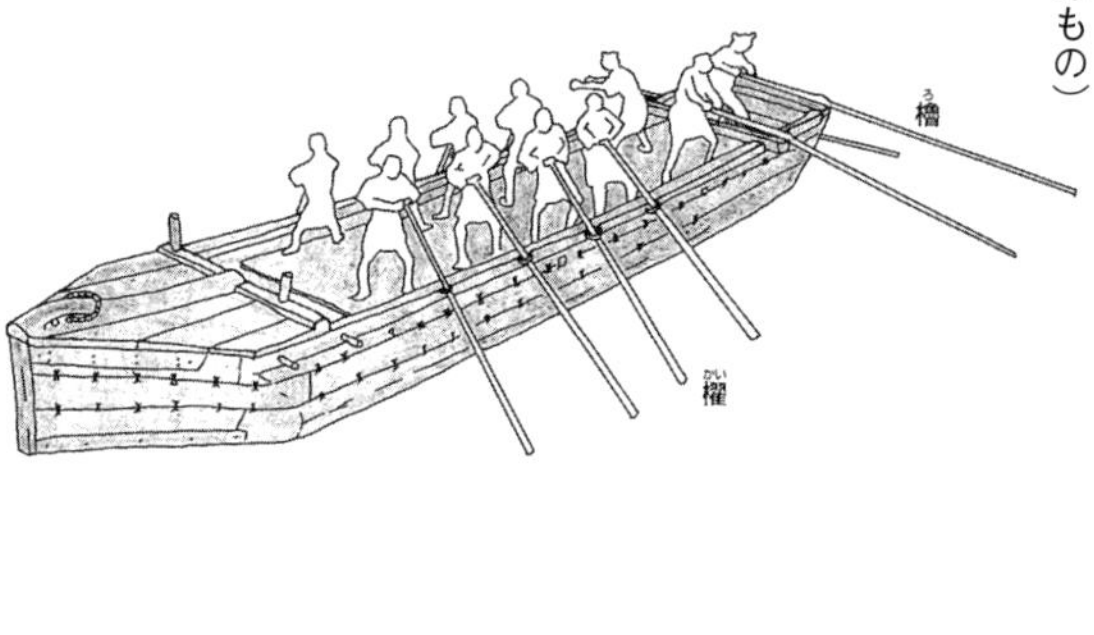

現存するドブネの操船方法（ハナズラにある輪縄はドブネを何隻も繋いで操船するためのもの）

大宝元(701)	大宝令に鳳至郡記載
和銅3(710)	奈良遷都
養老2(718)	能登国、越前国より分離立国
天平4(732)	能登郡で郷(里)制施行
天平13(741)	能登国、越中国に併合
天平21(749)	大伴家持、能登巡行
天平宝字元(757)	能登国、越中国より分離立国
延暦13(794)	平安遷都
久安元(1145)	下町野荘成立
文治元(1185)	平氏滅亡、平時忠能登に流刑
建久3(1192)	源頼朝、征夷大将軍となる(鎌倉幕府ひらく)
承久3(1221)	「能登国田数目録」に町野荘、志津良荘、大屋荘、鳳至院など記載
建武3(1336)	九条家領として町野荘、若山荘現れる
延徳2(1490)	能登に一向一揆起こる
天正9(1581)	前田利家、能登一国を領有する
天正19(1591)	鳳至郡検地の記録あり
慶長2(1597)	慶長の役、伏見城作事用の杉板を輪島住民らが廻漕する
慶長8(1603)	徳川家康、征夷大将軍となる(江戸幕府ひらく)
慶長17(1612)	能登にはじめて澗役(港使用税)を課す
寛永4(1627)	稲葉左近、能登奉行となり、種々の改革を行う。塩専売制創始
寛永7(1630)	製塩用貸釜制度創始
寛永14(1637)	時国藤左衛門ら、船道の様子を答申
正保4(1647)	上方船、はじめて加賀へ廻航
承応2(1653)	十村代官制創始
	奥能登に澗改人22人設置
天和2(1682)	大阪への廻米、7～8万石となる
貞享元(1684)	能登土方領、天領となる
元禄4(1691)	大阪への廻米、20万石を超える
元禄5(1692)	奥能登各地で押込検地
宝暦6(1756)	銀札騒動、宇出津十村源五宅うちこわし(凶作のため)
天明3(1783)	輪島両町うちこわし
文化7(1810)	鳳至町の素麺業者75軒
文化8(1811)	この頃、輪島椀の生産高300貫目
天保4(1833)	輪島町大津波
天保7(1836)	凶作、飢饉のため施粥
天保14(1843)	鳳至町の総戸数560のうち、漆器関係者177戸
慶応3(1867)	大政奉還・王政復古

能登地方関連年表

✦8 当時の船絵馬を見ると、船は帆走と櫂で運航し、帆はござ帆や布の帆でできていたが、後の近世中期につくられる帆布のように厚く丈夫な布でないため、風が強いとくだけやすく、順風（目的地に向かう風）を待って使う不便なものであった。このため操船は橈を頼りに沿岸を走る「地乗り」という方法をとっていたので、橈を漕ぐ人の数で船の能力と大きさが決まった。そのため橈役という課税方式が生まれたのであろう。

✦9 近世の佐渡小木町宿根木での事例でも海運を行う家では最低二隻を所有し、一隻を失っても家業を再興できる工夫を行っていたが、片船（一隻）になると再興に要する時間は長期にわたり、直後には船も小さなものを使っている。

きた。箱の先に尖った船首を付けた船である。富山湾、外浦など北陸一帯で最近まで使われていた能登の伝統的和船であるドブネに似ている。というより、ドブネの先祖であろう。ドブネは昭和四〇年代まで盛んに使われていた刳《くり》船である。ドブネは、能登には大型、中型、小型といろいろ分布していて、用途は漁船、荷船、沿岸の農耕用と幅が広い。あるいは漢和辞典の橈の読み「ドウ」が「ドブネ」の呼び名の由来で、櫂で漕ぐ船という意味だったかもしれない。近世初期の時国家の橈九枚という荷船は、現存する一〇人乗り大型ドブネに近い六〇～八〇石積みの刳船だったと推定できる。

　近世中期の初頭、日本海を高性能で帆走する弁財船が登場し、地廻りの商船にもこの弁財船の構造を使った小型の船が普及していく。しかし時国家の資料を眺めてみると弁財船を使った広域の海運業には進出していないようだ✦10。主力を地場に移したのであろうか。

　弁財船を使った海運は日本海、大坂・江戸を結んで巨大になっていく。一方在来の刳船系のドブネは耐久力に優れた船であるため、漁労や農業用に生かされ、明治、大正、昭和と地廻りで活躍するようになっていく。

■■税から見た近世初期の能登半島

　近世初期の頃、船に対する課税は船持ちに課税する櫂《かい》役と、他の港に入るときに納める潤《うるま》役という港使用税があった✦11。左頁下段の表は慶長一七（一六一二）年から寛文一〇（一六七〇）年までの税額である。

　表にある村の港は、半島の内浦から外浦にかけて当時あった主な港で、地形を見ると、波の打ち込みの少ないところを良港としていて、川の河口と広めの浜辺のあることが要件となっていた。

　これは現在の汽船の着岸する桟橋のある港の風景ではない。昭和の高度成長期以前の村々の港といえば川辺や浜辺であり、ここは荷揚げだけでなく、空船を揚げ、木の船を乾燥させ、冬には船を囲う安全な場所である必要があった。古い写真を見ると、木造船の時代にはたくさんの船が川辺に集まっているが、これは船に穴を開ける船喰虫の防除には、淡水に浸すことがかなり有効であったためでもある。

✦10
中世の能登はドブネが越後、富山、福井へと海運業を行っていたことはさまざまな史料から散見できるが、積載量の大きな弁財船がいつごろから使われていたかははっきりしていない。しかし、近世初期の能登には大きな積載量をもつ船が存在し、広域の海運業が行われていたことは確かである。『時国家文書』のなかに寛永一六（一六三九）年に五〇〇石積みの船の売船願いが代官所に出されたことを示す文書がある。しかし残念なことにこの船が弁財船であることを示すものはない。
現在、時国家の文書の解読研究は進んでいるので今後の研究成果を待ちたい。

✦11
『輪島市史』によると櫂役は外海船（商船、荷船）と漁船で区別され、外海船の場合、櫂一枚につき六匁（もんめ）となっていた。潤役は一～七人乗りは一人につき六分を、八人乗り以上は一人につき一匁を課税した。

各村の櫂役料から推定すると、村ごとの登録船隻は一〇隻前後である。輪島の一四七三匁五分の櫂役は群を抜いて高い。ほかに比べてかなり船持ちが多いことがわかる。さらには輪島崎の入港税額三九二二匁二分という高さは、入港船隻が多いことを示す。

北前船の西廻り航路の開設は✦12、寛文一二（一六七二）年である。すでにこれ以前に日本海の海運は活発化していて、輪島の港が北前船の重要拠点となっていたことを示している。輪島に入る商船が多ければ多いほど、港での物産の売買は多くなり、良質な物産の供給は輪島の港の仕事となった。こうして半島の村々の生産物の販路は広がり、生産活動も高くなっていった。

■白米の明治、大正、昭和

近世初期の寛永年間（一六二四）から白米は能州《のうしゅう》鳳至《ふげし》郡《ぐん》名舟組《なふねぐみ》に入っていた。名舟組は南志見川流域を中心にまとまった一一カ村からなり、組内の名舟村は大きな漁浦であり、西の端にある白米もこの村から大量の魚肥を買っている。肝煎《きもいり》（名主）は里村の上梶太郎左衛門家で、代々受け継いで明治に至る。明治に入ると、白米は市町村編入の荒波にもまれている。

明治四（一八七一）年の廃藩置県によって、能州は金沢県となり、明治一三（一八八〇）年の区町村会法制定によって、段丘を中心とする鳳至郡西大野村へ白米は編入する。さらに、明治二二（一八八九）年、市町村制施行によって、旧名舟組の範囲に当たる地域は南志見村になり、白米はここに戻ることになる。昭和二九（一九五四）年には外浦域の二町六カ村の合併があり、輪島市に南志見村とともに白米は編入した。当時の市の人口は約三万四〇〇〇人であった。

明治期の外浦一帯は、漁業、養蚕が盛んで、塩も専売法の制定により上向き、林業も日本海沿岸に鉄道開設が進んだ昭和初期までは枕木や電柱用材として売れ、好況だった。

しかし明治末期と大正から昭和戦前期にかけては、第一次大戦後の不況と世界恐慌の荒波を受け、農林漁業や地場産業は右往左往している。この間、奥能登の人口は北海道や都市へ流出を続けた。戦後の高度成長期となると、さらなる流出が始まり、半島は過疎地と

村名	外海船櫂役	澗役
光浦	14.0	
時国	87.5	
川西	35.0	
名舟	98.0	
尊利地	126.0	
小田屋	119.0	
輪島	1473.5	
輪島崎		3922.2

近世初期の能登の海運に課せられた税（櫂役と澗役、単位：匁）

✦12 日本海沿岸の都市から下関を通り、瀬戸内海を経て大阪、そして江戸に至る航路。寛永年間に加賀藩が年貢米を輸送するために開発し、一六七二年に河村瑞賢により出羽酒田まで延ばされる。この西廻り航路の日本海側と大阪の間に使われた船を北前船と呼んだ。

なっていくのであるが、昭和の白米の変遷を次に空から見ることにしよう。

■■白米の変遷を空から見ると……

海岸段丘にある白米とその周辺を航空写真で見ると、たんぼは水で白く光り、あるいは黒く見える。畦はくっきりしている。畑は水がないのでぼんやりするが、それでも他と区別がつく。小川も光ったり黒くなったりしながら山の中に入っていく様子がよくわかる。

白黒写真の場合、民家や集落は、屋敷のまわりの樹木や家の形でわかる。草地は砂をまぶしたようにぼんやりとし、針葉樹は黒く、落葉樹は浅く灰色に見える。道は白い線が続く。航空写真は時代を下るに従い高精度となるが、カラー写真になるとさらに情報が詳しくなる。撮影日が秋であれば、稲ハザ一つまで区分できる。こうした目安で、地図で地名や等高線をなぞりつつ航空写真を見ているといろいろなことが読め、作業は楽しくなる。

三枚の航空写真がある。昭和二二（一九四七）年一一月に米軍が撮影したもの、昭和四〇（一九六五）年十月と昭和五〇（一九七五）年一一月に国土地理院が撮影したものである。

■■終戦直後の白米

米軍の昭和二二年の写真は、フイルムの寸法に比べて撮影範囲が広いため、拡大すると詳細な部分の精度はますます粗くなる。それでもたくさんの情報が詰まっている。

外浦一帯の山々は使い分けられていて、日の当たらぬ北斜面は針葉樹（用材林）、日当たりのよいところや西の斜面は落葉樹（薪炭林、雑木林、草地）が多めである。そして集落から遠いところでも、日当たりのよい山の斜面には畑が拓かれている。あるいは草地や放牧地として使われているところもある。昭和二二年頃までは、昔ながらの農業が山の中でも行われていたようだ。

航空写真の中に白く写っている場所がある。草地ではない。地面のように見えるので耕地と思われるが、輪郭がはっきり出ていないので常畑ではなさそうである。集落からも遠く、沢の近くでもない山中であるが、日が当たる南斜面である。昭和四〇年の写真では同じ場所の大半が草地に変わっている。

極東米軍撮影による白米周辺の航空写真。昭和二二（一九四七）年一一月撮影。国土地理院提供。①白米、②鵜巣、③深見、④深見川（上流に巨木あり）、⑤高洲山山頂付近（左端）、⑥当目

いったいここは、どのように使われていた場所なのだろう。近世の村の石高帳に出てくる「荒」だろうか。外浦の史料では荒は課税を免除される休耕地という意味らしいが、この中には田畑もあるが焼畑も含まれているので、あるいは焼畑の跡かもしれない。

写真に写る終戦直後の半島の周遊道路は、白く細い一車線の道路である。おそらくは砂利道だったであろう。この道は沢を下り、丘の周囲をめぐり、曲りくねって、村を継いで走っている。海岸線はずいぶん浸食を受けているが、浜の幅は広く、かつての塩田の広さを偲《しの》ばせる面積がある。航空写真に写る耕地は、塩田以外は明治初期の記録の形に似ている。この時代、白米や外浦一帯はまだ近世以来の耕地を活用していたのであろう。

しかし、地上では白米も日本中の農家と同様に、昭和二一年に始まった農地解放の渦にまき込まれていたのである。

■■ 昭和四〇年の白米

昭和四〇年の写真は、高精度なため海岸にうち寄せる波や棚田の枚数、樹林の寸法まで

が詳しくわかる。

道路は拡幅されて二車線になり、一部バスや車が走りやすいように曲がりが整理され、直進する道に直されつつある。海岸にはコンクリートの護岸がつくられている。五、六〇年前まで塩田があった場所を日本海の荒波がひどく浸食し、荒磯に縮めていた。海は塩浜を元の荒々しい磯に戻していたのである。

明治の絵図と見比べてみると、集落上部にある棚田は、杉林に変わっているようだ。北向きの棚田では日当り悪く、収量も少ないのであろう。人手不足が始まっていたのかもしれない。

集落の上部の畑が切れるあたりに草地がある。ここは肥料用の草や冬の舎飼いする牛の飼料などを取る場所であり、また春からの牛の放牧地として使われていた。それより上流の山々が薪炭林、用材林となっている。さらに山奥に大きな草地が点々とあるのは、近代的な放牧地であろう。山地酪農といわれる日当たりのよい山の傾斜地を活用したもので、写真は牛の飼育が盛んなことを示していた。

民家ほどの大きさに樹冠を広げる巨木がところどころに見える。特に目立つのは海岸か

国土地理院による白米周辺の航空写真。昭和 40（1965）年 10 月撮影。①谷山川、②神ノ木河原、③本村、④六軒地、⑤日吉神社、⑥谷山用水取水堰、⑦サソラ用水取水堰、⑧大用水、⑨共同墓地、⑩塩田祉（海岸一帯）、⑪古屋

国土地理院による白米地区の航空写真。昭和 50（1975）年 11 月撮影。①谷山川、②神ノ木河原、③本村、④六軒地、⑤日吉神社、⑥谷山用水取水堰、⑦ サソラ用水取水堰、⑧ 大用水、⑨ 共同墓地、⑩ 塩田祉（海岸一帯）、⑪古屋

ら直線距離で二、三キロメートルほど入った山中で、海抜五〇〇メートル弱の高洲山の東側と深見川上流の深山一帯が見事である。村ごとに美林を残す習慣が、まだこの時代には生きていたのである。我々は平成一二年に林道を登り、この林の見学に向かったが、巨木林は姿を消していた。昭和四〇年といえば、前年に東京オリンピックが開催された年である。日本は高度成長期に入っていて、全国から人を都市に集めつつあった。三年後の昭和四三（一九六八）年に、能登は国定公園に指定され、離島や半島を巡る観光ブームが始まり、同四四年には輪島市に観光客が約一〇〇万人訪れている。民宿ブームの始まりである。

この頃から白米の千枚田も輪島の漆器、朝市、舳倉《へぐら》島の海女などとともに、奥能登の新しい観光名所となったのである。

■■昭和五〇年の白米

白米は、傾斜地をもらすところなく棚田にしたため、勾配ごとに畦は細かく、あるところは広く波打ち、しわのように見え、同じ形は一つもない。この苦労の結晶のような美しさが観光客に共感を呼ぶのであろう。

しかし写真を見ると、集落から遠いところから耕地の放棄が始まっているのがわかる。勾配の強い山畑や沢沿いにある日陰の棚田、海岸の宮田など末端部は雑草のままで畦が見えない。畦の輪郭がきりっと際だった棚田は、集落に近いものだけになりつつある。

山を見ると木が伸びている。この時代、山は薪炭林も草地も放棄に近い状態なのであろう。草地や放牧地が荒れている。庶民の燃料はプロパンガスや灯油に変わり、白米では化学肥料が普及して、すでに堆肥や草肥、牛肥は使われていないことが写真からも読みとれる。山で飼われる牛も数を落としているのだろう。村の民家がすべて能登瓦に変わっているのは、近くに茅があっても、人手が集めにくくなったことも理由であろう。村人は村の外に働きに出て行き、村人の協力で屋根葺きをする時代ではなくなったのである。

二四戸の村、白米は、五年後の昭和五五（一九八〇）年から始まった減反政策を受け入れたが、航空写真からはすでに昭和五〇年に、白米の農業は減反に近い状態であったことがわかるのである。

白米の暮らしはどんな特徴をもっていたのだろう

塩田経営と暮らし

■北風と白米

能登半島は北に海を見る。冬の季節には北西からのシベリヤおろしが外浦に吹き付ける。この風があるときは海に船はなく、陸に人の動きも消える。しかし、海からの贈り物は多い。魚群も回遊し、肥料になる海藻もある。外浦一帯には船を入れるほどの入江は少ないため、砂浜の地に小さな漁浦が形成された。

白米は外浦のほぼ中央にあるが、漁船を使うほどの入江も砂浜もない。廻船稼ぎにも無縁であった。塩づくりと千枚田に生きる村として発達していくのである。

自然のままの海岸は荒磯である。この磯に石を組み、土砂を集めるようにして、塩浜を拓いた。[✦1]そして村は千枚田のある斜地の奥に、竹林や木々に囲まれ、冬の季節風を避けてうずくまり、さらに上方の斜地には広い畑地が開拓されていた。

この景観は白米の、かつての生活史の反映である。塩を焚くのは塩が貴重で高価な商品として売れたためである。この製塩の力で耕地を拡大し、米と畑作物の収量を増加させ、自給農耕から脱却する。そして塩に次ぐ商品となったのは、米、畑作物、薪、塩木や明治期の炭などの山産物であった。

以後、白米や外浦の村々では、生産物の多角化を農業経営の軸に置く、兼業性の高い村落を形成していく。白米の村人は自然に手を加え、以上の生活が可能な景観をつくり上げ

✦1
海水を人手によって汲み上げ、塩田に何度もまき、できた濃塩水を塩釜で焚いて塩をつくる方法を揚浜式製塩法という。揚浜式には、自然の砂浜をそのまま塩田にする自然浜式と岩石浜に石や粘土などで人工的に塩田をつくる塗浜式がある。
能登の海岸は、岩石浜であるため、満潮水面よりやや高いところに石垣を築き、その内側を石や粘土で埋め、砂利を敷き平にし、その上に細かい砂をまいて突き固め塩田をつくった。これを塗浜塩田という。

たのである。

　全村域の面積はおよそ三九ヘクタール、内訳は山林二五ヘクタール、水田七・二ヘクタール、畑五・二ヘクタール、その他一・六ヘクタール余りの原野などである。戸数は一九戸、人口は高齢者を中心に四〇人弱といったところが現在の姿である。ただし塩浜は水田に姿を変え、また半分は流失している。

■■「古屋」という地名

　海岸の田の一隅に「古屋《ふるや》」と村人が呼ぶ一帯がある。コンクリートの護岸をつくったとき、ブルドーザーがここを削ったところ焼物や民具の破片らしきものが散出した。私が見せてもらった焼物の破片は、釉薬付きで碗ほどの大きさの高台の部分。肉厚、色は薄茶色で良質である。

　古屋の近くには湧き水もあり、村人の多くは白米の昔の集落は海辺にあったのだという。伝承はこれだけで、ほかに詳しい資料があるわけでもない。ただこの一帯の地名を古屋と呼ぶ。この土地に、村人の知らぬ村の歴史が刻まれていたのである。古屋は塩づくりの村だったのであろうか。六軒地が上村で、古屋が下村の時代があったのか。海辺の古屋から上の本村の位置に住居を移した歴史をもっていたとすると、白米は海辺から「陸上がりした村」ということになる。

■■能登の製塩経営と白米

　外浦の塩田は、中世から近世にかけて稼働し、課税の対象になっていたようであるが、この地域の塩が加賀藩の専売制の下に置かれるようになるのは、寛永年間（一六二四～一六四三）頃だといわれている。

　白米は、この寛永期に製塩を行っていた七カ村の中に入っており、五人の製塩経営者がいた。この辺りの製塩は、一軒が塩浜一枚三〇〇歩（坪）ほどに塩釜一つをもつ、家族経営の規模であった。延宝二（一六七五）年の「村々肝煎米、給銀付の帳」によると、白米では百姓一三軒のうち、塩士は七人となり、天保一一（一八四〇）年の村別生産高を見ると、白米の村生産高は、一八二〇俵、塩士は一三人に増えている。

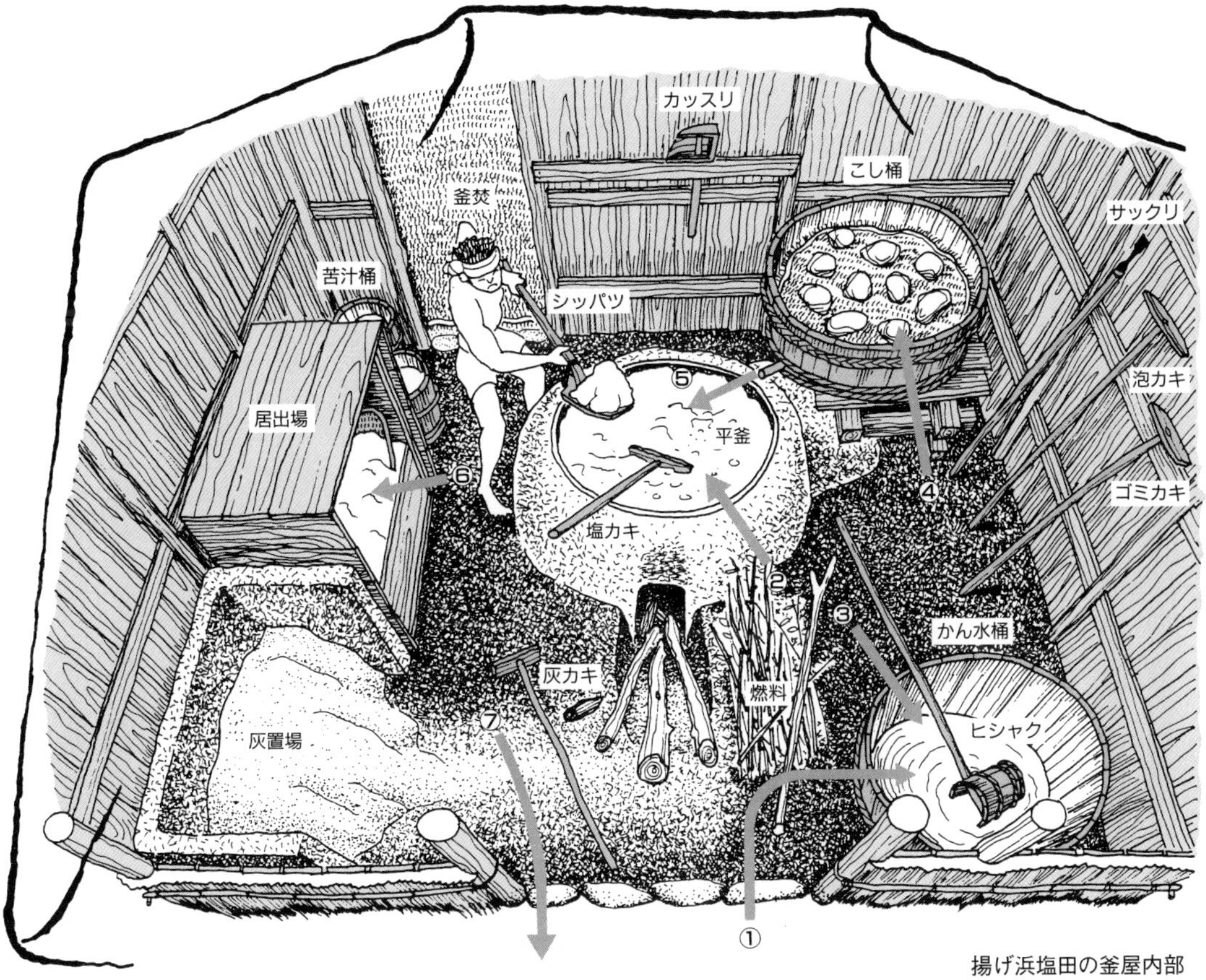

揚げ浜塩田の釜屋内部
（数字は工程順を示す）

塩焚きの工程

1　塩田でつくった鹹水（かんすい）540 リットル（3 石）を桶に入れる。
2　鹹水を平釜で 2 時間ほど荒焚きする。
3　荒焚きした鹹水を桶にもどす。
4　鹹水のゴミや不純物を漉し桶で除く。
5　漉した鹹水を平釜で約 6 時間焚いて水分を蒸発させる。540 リットルの鹹水から約 90 キログラムの塩がとれる。
6　できた塩を居出場（いだしば）で 3 日ほど放置して苦汁（にがり）を切る。
7　塩をカマスに詰めて運び出す。

- 薪は、一釜（鹹水 540 リットル）を焚くのに 50 貫（約 188 キログラム）必要であった。
- 灰は田畑の肥料として使われ、越中や近在の農家にも売る重要な副産物であった。
- 苦汁（にがり）は豆腐づくりなどに使用された。金沢の問屋がもらいに来ることもあったが、大半は捨てられた。

■■ 小規模製塩経営と収入

白米では、寛永一〇年、塩浜一枚の年間出来塩高は平均一五〇〜一六〇俵、村全体で七五六俵、寛永一三年では、一枚の出来塩高二〇〇俵前後、村全体で一〇七二俵であった。

製塩の稼働期間は春〜夏の一一〇日、一枚三〇〇坪の塩田で五人が労働し、釜焼一回で平均五斗の塩を焼き上げた。できた塩は、御塩概（米と塩の交換率）により米に換算された。必要経費の中では薪代とその運搬費が五割近くを占めていた。

元禄一六（一七〇三）年の「塩浜一枚入用図り之覚」を参考にすると、白米の一軒の出来塩高は二〇〇俵前後である。これはおよそ米二〇石（塩一〇俵が一石として）に交換された。家族労働を行って人件費を浮かした場合、三〜四石の余剰が出たと考えられる。夏場の暑い時期、一一〇日間の過酷な家族労働の成果であるが、けっして十分な収入とはいえず、水田や畑からの収入も見込まなければやっていけなかった。

一八世紀に入り、物価の上昇によって、生産諸経費が上がり、御塩概が引き下げられると、生産に行き詰まるものも出てきた。藩は専売制によって経営援助を続けた。この体制は、飢饉による藩の財政難のため中断する時期があったが、廃藩置県が実施された明治四（一八七一）年まで存続したのである。

■■ 塩田を支えた新田開発と灌漑技術

加賀藩は、小規模経営の塩生産者（塩士）を援助するため、貸釜制や資金の分割貸与を行った。貸与は、米で支払われ、仕入米や塩《しお》手米《てまい》✦2と呼ばれた。米は製塩経営の資金になり、出来塩高は米に換算された。藩は財政の安定を図り、製塩経営を存続させるためにも、より多くの米を確保する必要性があった。

特に寛永四（一六二七）年から、奉行稲葉左近が奥能登を支配、経済官僚として手腕を発揮し、さまざまな農政改革（改作法という）や塩の専売制の基礎をつくった。改作体制は、寛文・元禄期にかけてさらに発展し、放棄した耕地を再び開き直す荒開きや畠直し（畠を水田にすること）が増えた。

この稲葉左近の下で活躍したのが、辰巳用

✦2 藩が塩生産者に貸与した米。米を貸与する代わりに塩を強制的に納入させ、能登地方の塩を独占した。

水建設の指揮をとった下村（板屋）兵四郎である。下村は塩田の小代官も務めており、塗浜塩田の整備はもとより、後に行う輪島近隣の灌漑用水や白米の灌漑事業でも石工たちを動員したと思われる。

塩田の衰退から農業へ

奥能登の製塩は、瀬戸内海の入浜式塩田[✦3]による新製法の安価な塩が出回ると、生産量や品質においてひけをとった。寛文一二（一六七二）年に西廻り航路が開設されると、瀬戸内海沿岸の塩が、帰り荷で運ばれて各地に出回り、近世後期までに、奥能登の塩の販路は加賀、越中、能登、飛騨に限られていく。それにより奥能登の人々の生業は塩づくりをしつつバランスをとって農業と山林に経営を行う方法に移っていった。

百姓は食糧確保と換金のため畑作にも力を入れた。米を収穫したあと、田の裏作として大麦や菜種を蒔いた村もあった。大豆、小豆、粟《あわ》、稗《ひえ》、蕎麦《そば》などの雑穀類は食糧となったが、小麦と菜種は、いずれも輪島素麺《そうめん》の原料とし商品価値が高かった。元禄時代から煙草を栽培していた村も多い。また、畑では、大根、人参、かぼちゃ、ねぎ、ごぼう、えんどう、なす、ふき、芋などの野菜をつくったが、豊富な山菜も活用した。

近世の奥能登ではどの村にも御林山があり、特に七木は自由に伐ることはできなかった。松、杉、栗、欅《けやき》、漆、桐、竹などである。これは製塩の燃料となる塩木の需要が膨大《ぼうだい》であったため、樹木保護が必要であったからである。これに対し、百姓の持ち山は百姓稼山といい、七木以外の雑木や下草は自由に使えた。炭焼きなどの山稼ぎも盛んであった。板・桶《おけ》・樽《たる》材となる枚木《ばいぎ》と屋根を葺く木羽《こば》板は需要が多く、輪島の港に出した。木炭の出荷先は金沢が多いが、新田開発により耕地も増加すると、各村に農具づくりを支える野鍛冶が増えていく。

A家に見る近代からの暮らし

白米村は、現在一九戸、明治期には二四戸あった。明治六（一八七三）年、新政府によって地租改正がなされたが、地主と小作の関係は変わらず、村人の生活に大きな変化はなか

✦3 海水を人の手で汲み上げる揚浜塩田に対して、潮の満ち引きを利用して、満潮時に海水を引き入れるように工夫した塩田を入浜塩田という。干満の差が大きく、波の静かな瀬戸内地方で行われ、近世の塩田の中心となり、全国に塩を供給するようになる。

った。村には、ダンナと呼ばれる家が一～二軒、残りの三分の一が自分の田畑で生計が立つ者、三分の二が小作をしていた。

A家は、自分の田畑で生計が立つ家に属している。A家を参考に、明治中期から大正頃の白米の生活を見てみよう。A家の所有する宅地と耕地面積は次の通りである。

・宅地―五畝二五歩（五七七平方メートル）
・水田―三反七畝一六歩（三七一五平方メートル）
・畑―――三反八畝七歩（三七八五平方メートル）
・塩田―四畝七歩（四一九平方メートル）
・山林―二町一反五畝二六歩
　（二万一三七〇平方メートル）
・家畜―雌牛一～二頭

家族数は、時代により増減はあるが、七人から八人ほどであった。水田での収穫量は、一反（約三〇〇坪）から五俵（三〇〇キログラム）の米が収穫できたとして一八・八俵（七・五石）となる。地租は年貢とあまり変わらぬ利率であった。大人一人が年間に食べる穀類の量は、一・五石といわれ、大人四人で六石は消費する。子供の数によって米は一〇石以上必要であった。

米が足りないと畑では自給のための作物を栽培する。収穫量を増やすため、大麦を田の裏作でつくる村もあるが、白米の千枚田は収穫後も水が抜けず半湿田になるため、裏作は行わなかった。その分畑地を多く拓いた。

畑作物の種類は、近世から昭和の戦前まで大きな変化はなかった。A家では、大正から昭和まで換金作物として、大豆、大麦、小豆をつくった。大豆は、棚田の畦にもつくっており、一五～一六俵（一俵当たり四斗）とれ、主要収入源であった。大麦は、一〇俵（一俵当たり五斗）とれ、家畜の飼料にし、残りを売った。塩田は、四畝ほどと小さいが、大事な収入源だった。一時衰退したが、明治三八（一九〇五）年に塩専売法ができ、村の六割が大正二年頃まで家族経営で稼働していた。戦前、戦後は組になって塩田をやった。その後、水田に変え、昭和四五年頃からヒラメの養殖を始めたというが、ほどなくやめている。

山林は、二町余りと村の中でもっとも多く所有していた。製塩のための薪となる塩木には赤松が適しているが、現在、樹種は、アテビ、杉、赤松などが一割ほどに減り、九割が雑木になっている。牛は、塩木の運搬用だったが、塩田をやめてからは糞尿を肥料として

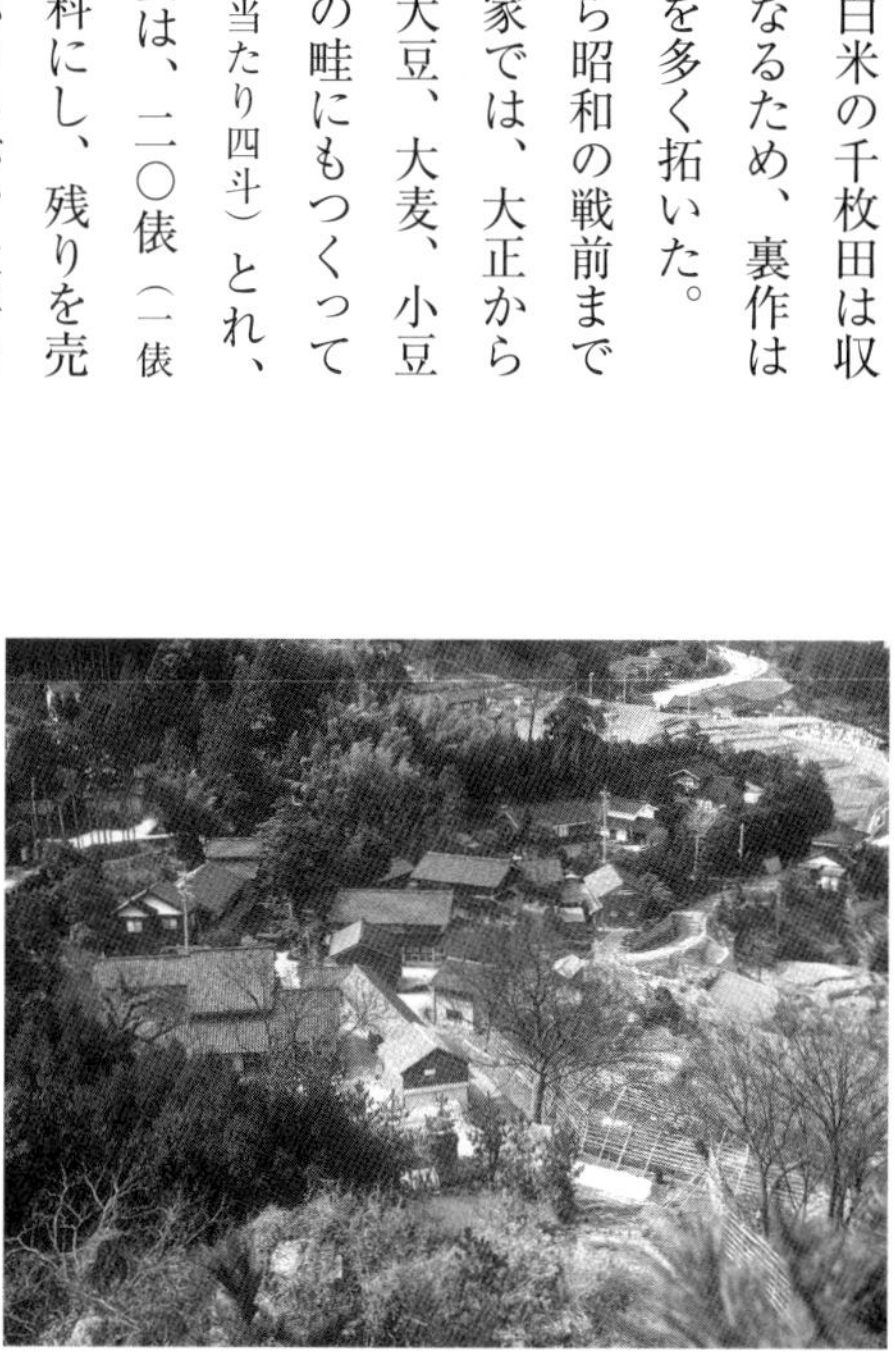
白米の集落（本村）全景

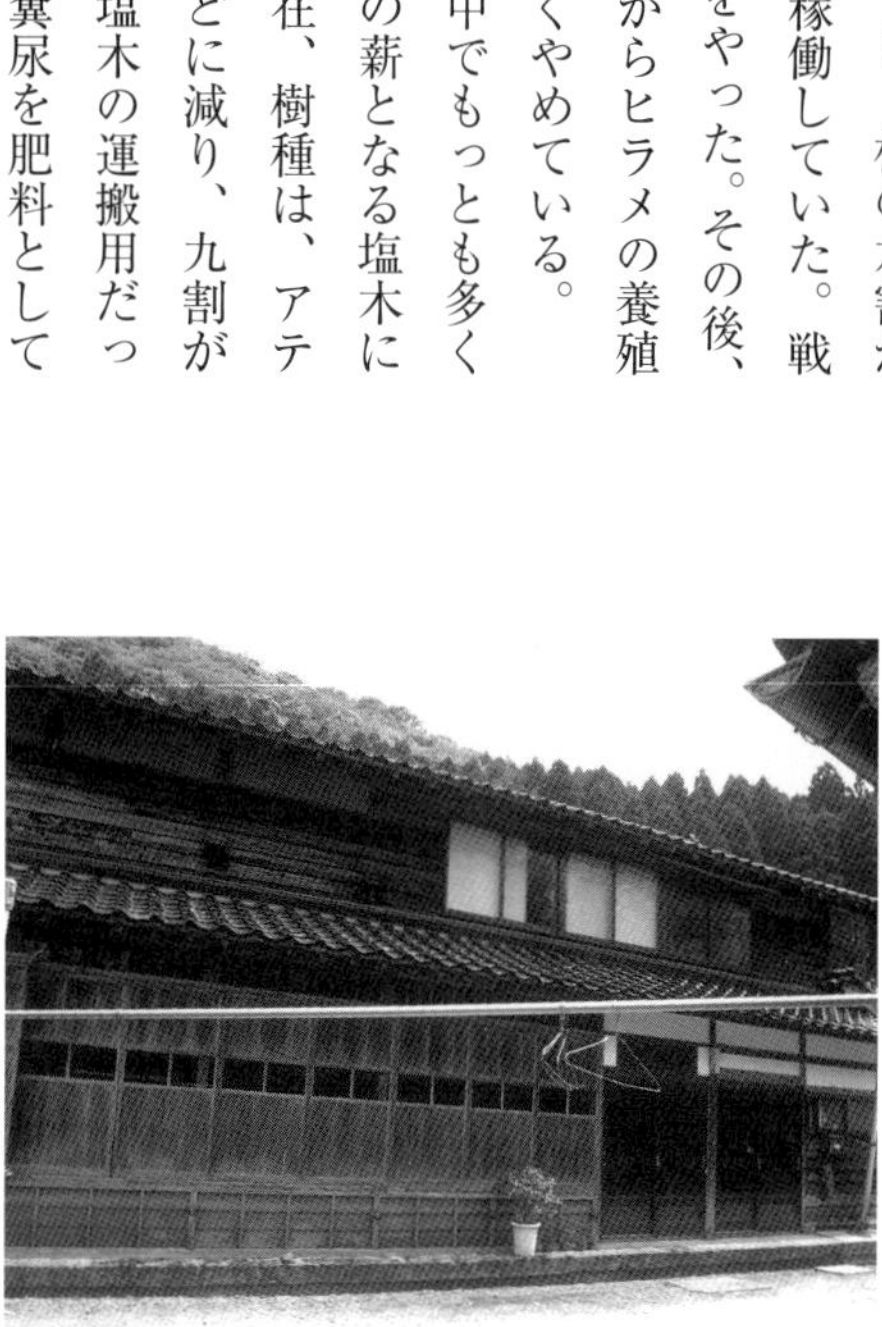
白米（六軒地）の民家（主屋）

利用するために飼った。

　A家の場合、男は農閑期だけでなく年中炭焼きをし、年間三〇〇俵を売った。昭和までに、山林を四町三反二三歩（四二六四六平方メートル）に買い足し、炭焼きで生活を支えていた。昭和四〇年頃から木炭が売れなくなり、出稼ぎに出るようになる。

　このように、白米の人たちは時代の流れによって棚田、畑、山林、塩田、これらすべての収益で生活を成り立たせてきたのである。

■■復原してみた草屋根の民家

　一二二～一二三頁に載せた図は、日裏家住宅を、草葺きの時代に復原してみたものである。日裏家住宅は本村にある。裏の急傾斜地は屋敷の造成をした残りの崖際に水が湧く。この造成地を屋敷にし、主屋、納屋、蔵の三棟を構えている。主屋はもともと田の字型をした整形の四ツ間取りである。「ホトケの間」という座敷には巨大な仏壇があり、能登が真宗王国の地であることを知る。

　現在二階建てになっている主屋は、昭和二〇年代末までは平屋の草葺きだったという。納屋は明治末年に焼失し、町野町の医者の主屋を買い納屋に建て直したものであった。柱にはホゾなどの痕があちこちにあり、天井梁は主屋だった証拠の古い形の二重梁である。

　かつては主屋を新築すると、古材は納屋や他の建物の不足材に転用されることが多かった。納屋の場合は古々材となり、小屋、船小屋などにさらに転用された。

　日本には用材を贈呈する「貰《もら》い木」の伝統が各地に残っている。柱一本でも進呈し、建設を助け祝う伝統であり、火災などの急な普請には親類、縁者によるたくさんの貰い木は有効なものだった。かつ建材が朽ちるまで使うことが当たり前の庶民の伝統だった。だから日本の在来木造建築は組み合せ自由な基準寸法をもつ軸組工法を発達させたのである。

　納屋は牛屋を兼ねた作業場であり、堆肥や人糞尿から肥料をつくる大切な場所であった。主屋は土間と板間と畳の間に分かれている。土間は台所であり、脱穀調整、ムシロづくりなどの作業場でもあった。板間は稲藁《わら》の敷物を敷き、日常の暮らしの場とした。座敷は仏事や祝事など、いわゆるハレの日しか使わず、普段は畳を積み置きしていたのである。

座敷にある大きな仏壇

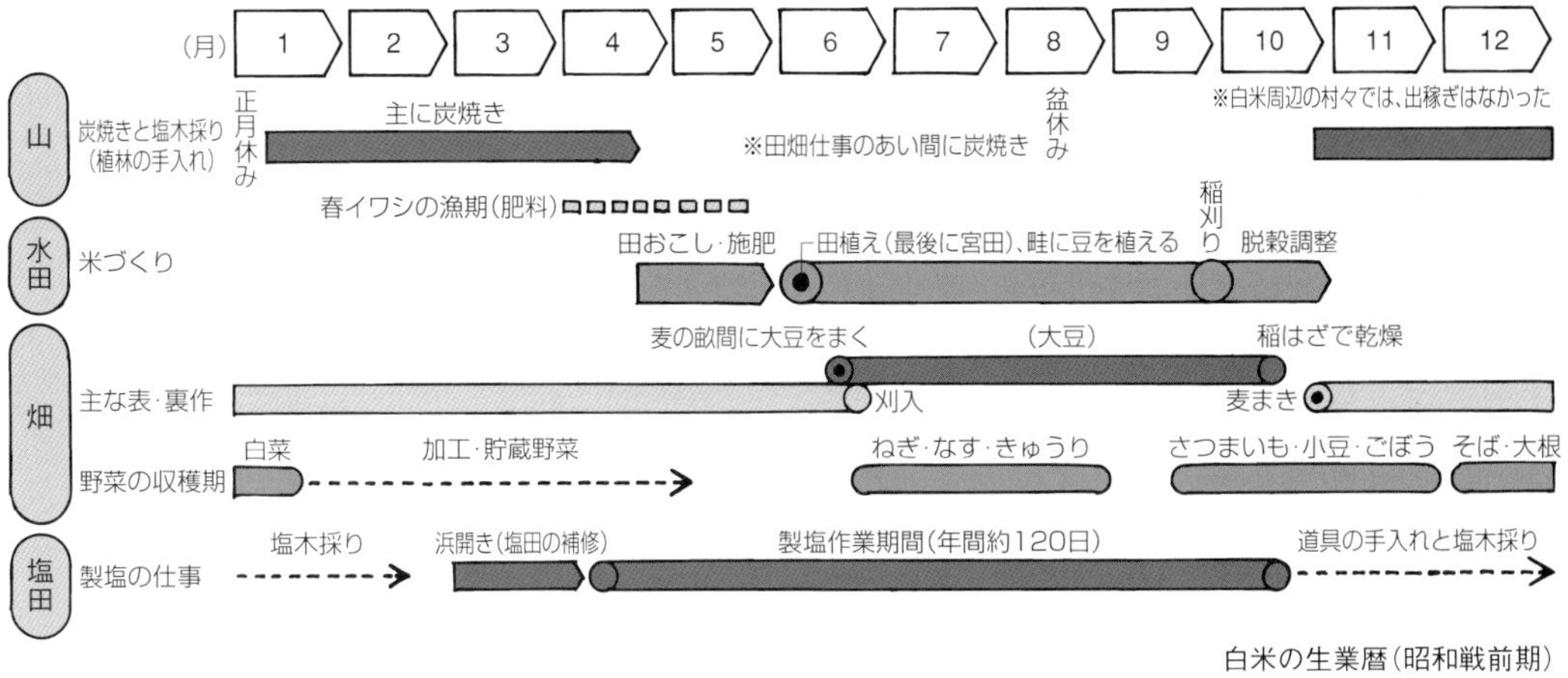

(月)
1
2
3
4
5
6
7
8
9
10
11
12
山
炭焼きと塩木採り(植林の手入れ)
正月休み
主に炭焼き
盆休み
※田畑仕事のあい間に炭焼き
※白米周辺の村々では、出稼ぎはなかった
春イワシの漁期(肥料)
水田
米づくり
田おこし・施肥
田植え(最後に宮田)、畦に豆を植える
稲刈り
脱穀調整
畑
主な表・裏作
麦の畝間に大豆をまく
(大豆)
稲はざで乾燥
刈入
麦まき
野菜の収穫期
白菜
加工・貯蔵野菜
ねぎ・なす・きゅうり
さつまいも・小豆・ごぼう
そば・大根
塩田
製塩の仕事
塩木採り
浜開き(塩田の補修)
製塩作業期間(年間約120日)
道具の手入れと塩木採り
白米の生業暦(昭和戦前期)

白米の生業暦（昭和戦前期）

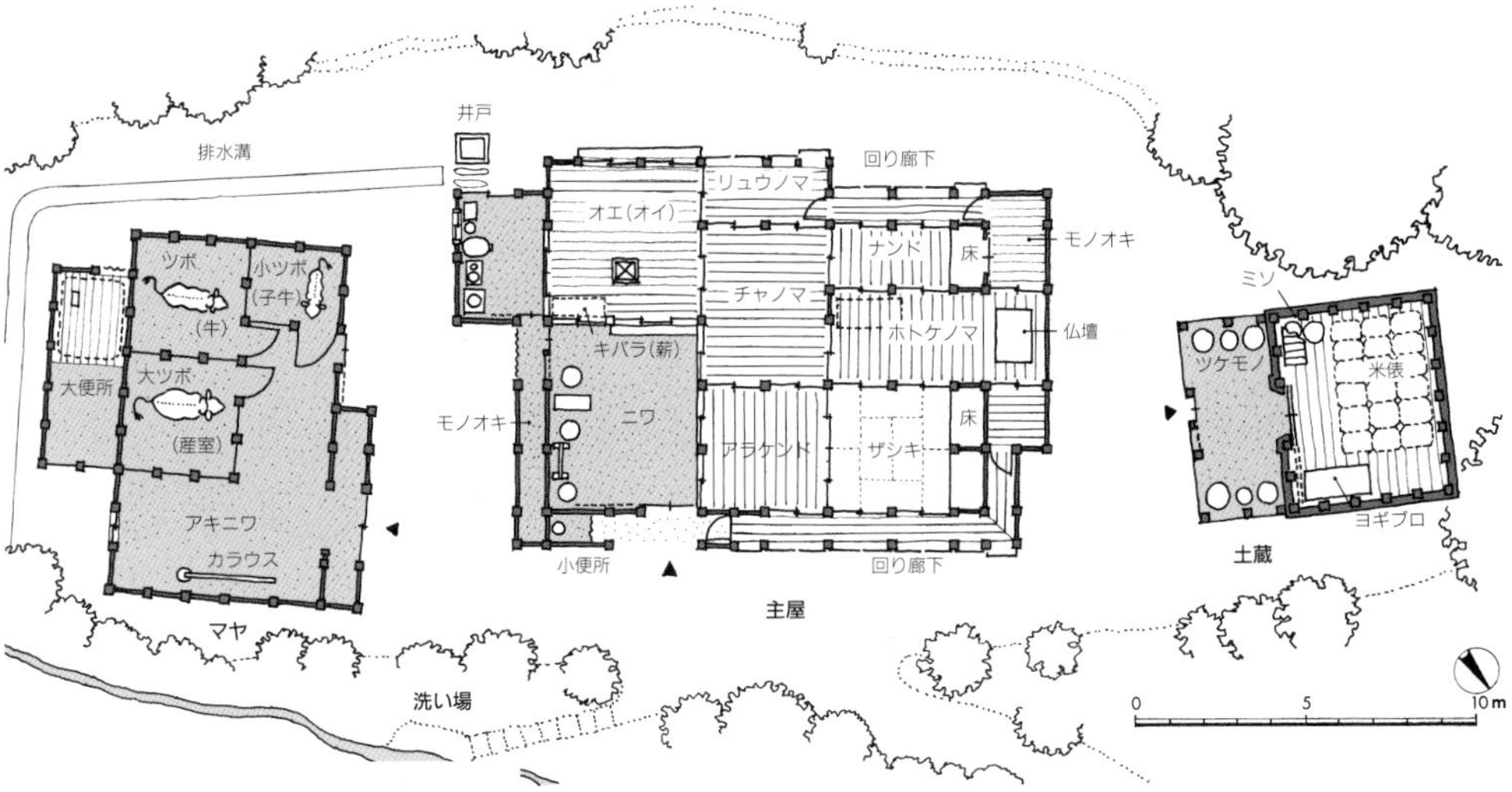

排水溝
井戸
回り廊下
リュウノマ
オエ(オイ)
ナンド
床
モノオキ
チャノマ
ホトケノマ
仏壇
キバラ(薪)
モノオキ
ニワ
アラケンド
ザシキ
床
小便所
回り廊下
主屋
ツボ
小ツボ
(子牛)
(牛)
大便所
大ツボ
(産室)
アキニワ
カラウス
マヤ
洗い場
ミソ
ツケモノ
米俵
ヨギブロ
土蔵
0
5
10m

日裏家住宅の間取りと配置（復原）

マヤ
主屋
土蔵
洗い場

日裏家の建物配置（復原）

主屋の屋根

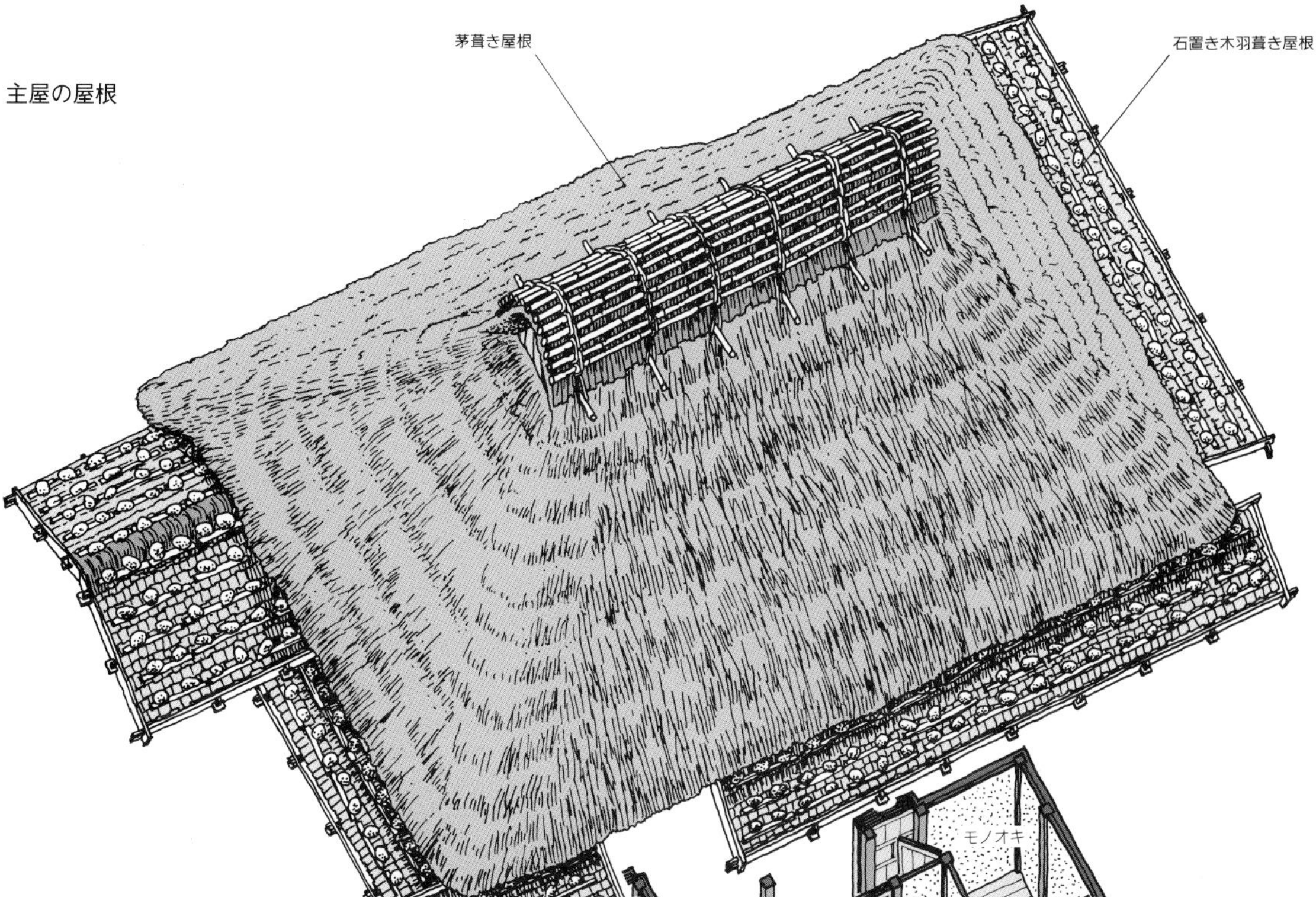

主屋・間取りの見取り図

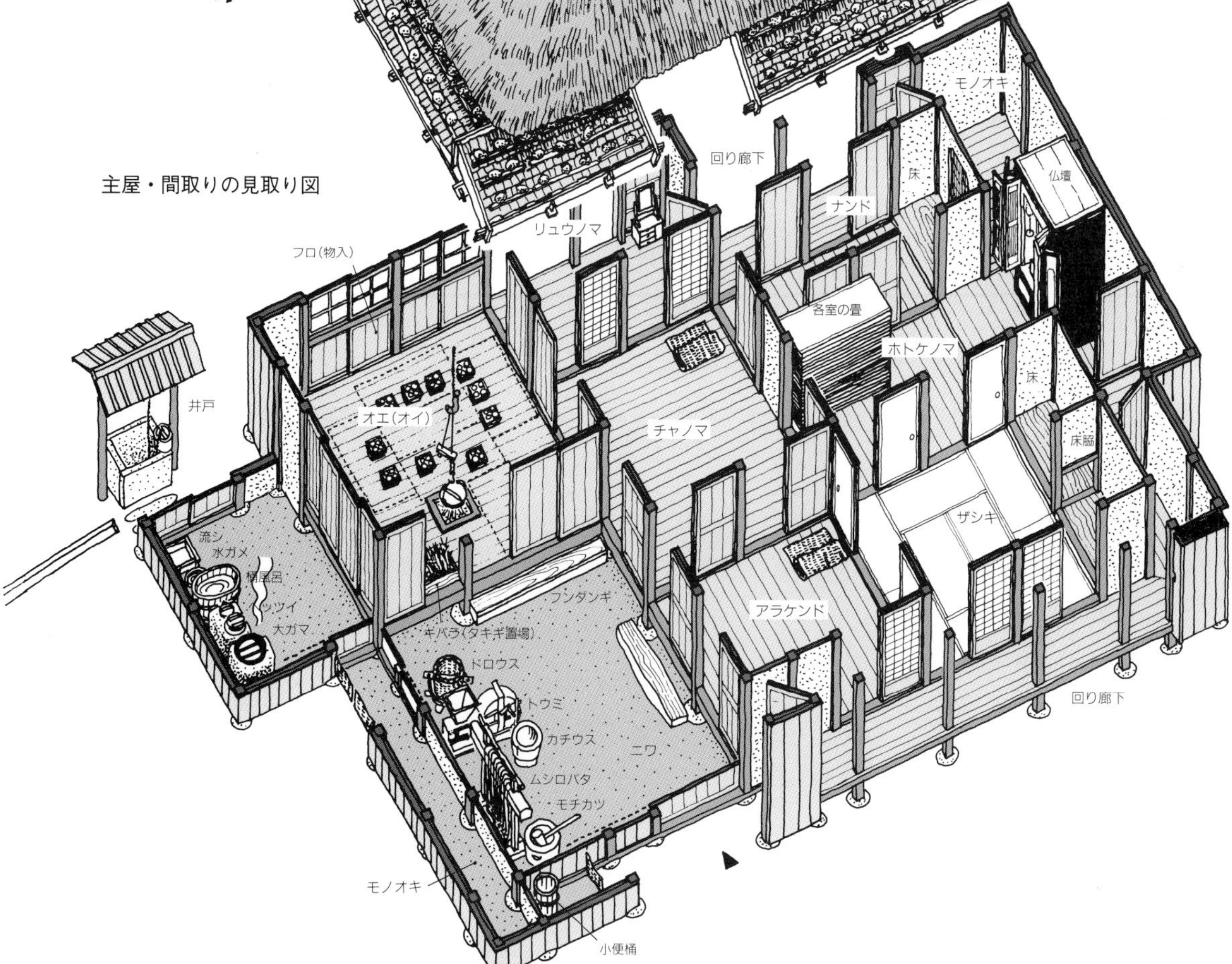

米づくりの魅力と条件とはどんなことだったのだろう

白米の米づくり

■■米づくりの魅力

日本に米がやってきたのは縄文後期だと現代の考古学は教えてくれる。そして以後、急速に日本各地に稲作が普及した。

日本の気候は温帯なのに熱帯性の稲の栽培がこれほど進んだのは、百姓の多彩な栽培技術による。日当たりのよい土地を開拓し、水を出入させる利水技術を高度に使い分け、さらには水を温める工夫、品種の改良、施肥などによって、稲がどんな土地でも育つようにした、日本の百姓の長期にわたる技術の高揚と努力の結果であるにちがいない。

米の魅力は、なんといってもその収穫高の確実な多さ、モミの保存性能（運搬性能）のよさ、そして食べておいしいことであろう。だからたくさんの種類の米、インディカ米の赤米やさまざまなジャポニカ米などが日本で育てられてきたのである。

稲の収穫高のよさを説明すると、次のようになる。

一粒の稲の種は苗から生育する段階で茎が分げつし、一株は生長すると二二〜二三本に分かれる。この間、百姓は稲の主たる栄養分である、水田へ送る水の深浅を調節し、さらに中干、間断、灌漑、また深水とするなど、そのつど水深を何回も調節し、除草などの作業を行う必要がある。

稲に必要な手をかけ、仮に二二本の穂が、一穂当たり一二〇粒の実をつけたとすると、春植えた一粒から秋には二六四〇粒に増えて

✦1 米安晟氏（東京農業大学名誉教授）のご教示による。

結実することになる。この一粒二六四〇倍という高い増加率は、ほかの栽培植物では見られない性能である。

ただし、この数値は明治以来の技術改良と増産運動の結果による現代の数である。今日の反収（約三〇〇坪）は平均七〜八俵であるが、近世には反収四〜五俵が平均的な収穫高で、五俵はよいほうであった。一粒当たりの育植収穫高は現在の約半分だったのである。一粒一三二〇倍程度の収穫高が、近世の稲作の限界だったという。[1]

■■米が好む気象条件

米安晟先生によると、棚田の立地条件は水不足をクリアしているとすれば、あとは日照と温度が問題であるという。日照条件は、一日中日当たりがよい場所であれば問題はないが、そういう土地は限りがある。日照についてやや詳しく説明すると、朝の日照のよさもあるが、特に落日までを長時間受け続ける土地柄がよいという。これは水田が南西もしくは東南に開いている、日当たりのよい立地であることによって得られる。

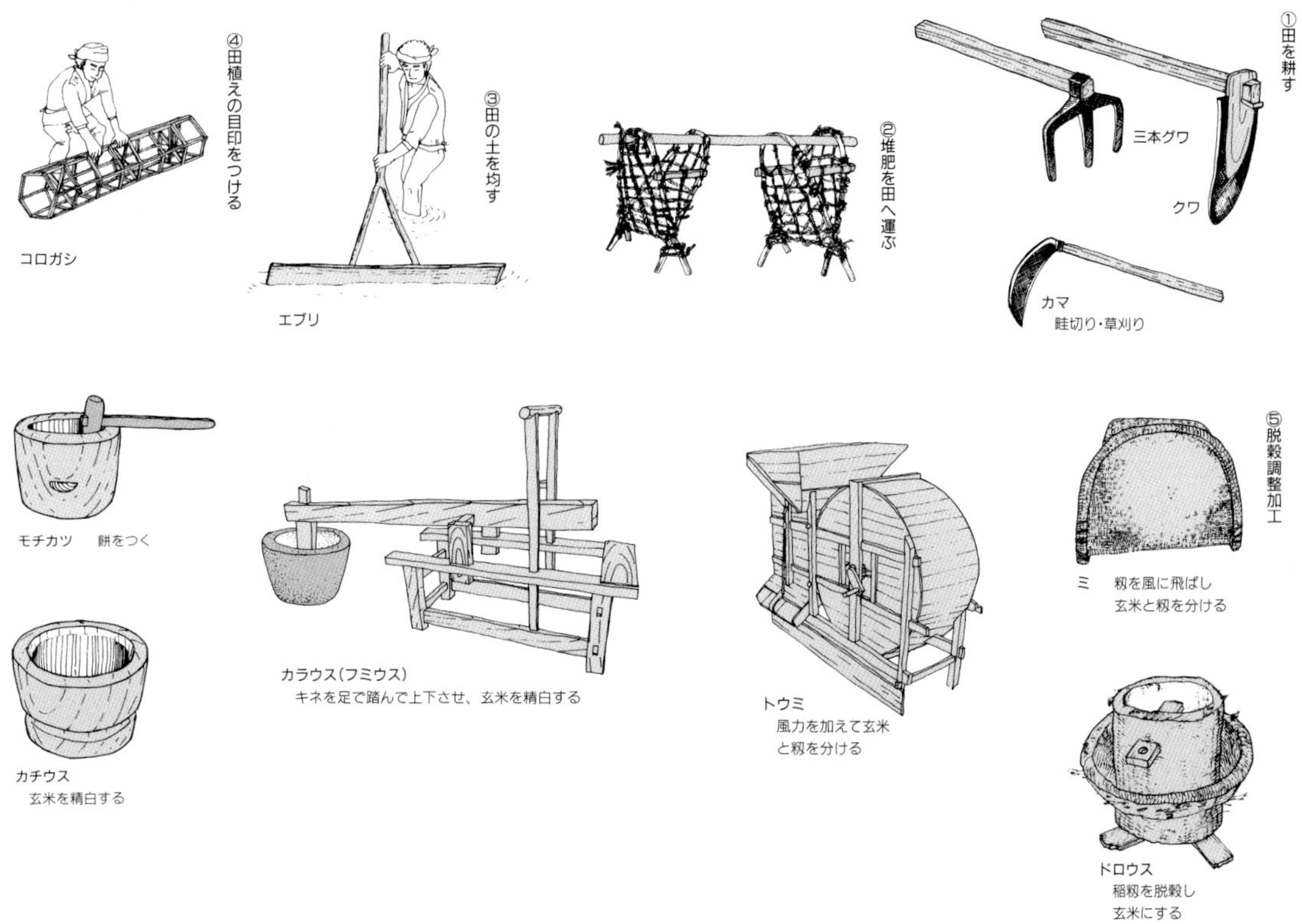

米づくりの主要な民具

工程順に主要な民具を並べてみると、脱穀調整加工に使われる民具は大型であり、かつ多種類が開発されていることがわかる。

白米の海辺の棚田は西に向いている。外浦が海岸を北にもつことばかりに、つまり北向きの条件の悪さばかりに気をとられていたが、外浦一帯の棚田は山から太陽が昇るので朝は日差しが弱いが、夕日は西の海に落ちる。外浦一帯は夕日を長時間受けられる棚田なのである。✦2

白米は谷川からの取水で水温は低めである。そのため水路の周辺を伐り拓き、日を当て、冷たい水がくる上部の水田では、流入路を迂回させて長く日を当て、水温を上げる工夫をしているのが印象的だった。

■肥料のこと

米安先生のわかりやすい講義の続きである。稲は水の流れが山から運ぶ豊富な養分を受けとるので、畑ほどは肥料は要らないが、それでも施肥をすれば実りはよくなる。丸山の棚田の稿でも触れたことだが、肥料の中で、窒素分は葉へ、リン酸は実へ、カリは根などの栄養分となる。化学肥料以前の肥料は次のようなものだった。

・窒素分は堆肥から
・リン酸は下肥（糞尿）から
・カリは堆肥、魚肥、灰から

カリという養分は水や雨で流れやすい性格があり、黒土は特にカリ分の不足をきたすので施肥は多めにやる。成分としてはたくさんやらねばならないが、この肥料を大量につくることが重労働だったのである。

カリの成分は各肥料の中にどれくらいあるのだろうか。

・草木と牛馬の堆肥：カリ分約〇・五％
・草木灰：カリ分約八〜一五％（石灰分少々含）
・タバコ灰：カリ分約二〇〜三〇％含有（石灰分少々含）

ただしこれらは理論値である。実際は少々値引きをする必要がある。

稲は一反当たり、カリ分を一〇キログラムほど必要とする。堆肥を一〇〇キログラム入れてもカリ分は〇・五キログラムしかない。草木灰一〇〇キログラムでもカリ分は八〜一五キログラムがいいところである。不足の分を多様な、しかも大量の肥料で補うことになる。化学肥料以前の農業は施肥作業だけでも、かなりの重労働だったことがわかる。

現在、高齢者のみの農業が可能なのは、耕

✦2
米安先生は、信州や高山地方の高収穫の例をあげて、日中は二〇℃以上の高温、夜間は一五、一六℃と低くなる（四、五℃の温度差）と、稲には良好の結果を生むと教えてくれた。

耘機が導入され、作業が楽になったことだけでなく、窒素、リン酸、カリなどの含有率がきわめて高く、重くない、つまり運びやすく少量で効果のある化学肥料が開発されたことに支えられている。ちなみに硫酸カリは四〇%、塩酸カリには六〇%もカリウムが含有している。

化学肥料以前、自前の肥料づくりの場所は、納屋と田の近くに掘った穴であった。補助的に金肥、つまりお金を出して魚肥、油粕《あぶらかす》などを買い、これを投入した。

白米では春先、畦や土手、山などに生える草を刈り込み、田に敷き込んだ。四月になると外浦一帯に大量に上り鰯《いわし》がくるので、近くの名舟村の漁師が獲る生鰯を買い、田の畦の広めのところに穴を掘り、腐らせてから肥料にした。ホンタワラなどの海草も海に出て刈っては、同じく埋めて腐らせ肥料に使った。納屋では堆肥をつくり、裏手に大きな便槽を掘り、洩《も》れないように石灰で塗り固め、下肥を溜めておいた。臭いは強いが、こういうものが、かつては大切な肥料だったのである。こうした肥料から化学肥料に代わるのは、太平洋戦争後からで、能登一帯では昭和二〇年代から安価な硫安が出回るのである。

近世の頃、外浦一帯で肥料として使ったもの一五種類がわかっている。しも屎（糞）、むし屎、厩屎、粉糠、海草、草、落葉、灰、煤、坪土の一〇種は自給可能なものである。油粕、焼土、干鰯、魚のはらわた、石灰の五種は百姓にとって金肥に近いものであった。

白米では製塩をしているので、塩釜から出る釜屋灰は、山中の村に比べ、ふんだんに投入できたはずである。概算だが白米の耕地は明治中期の帳面から、水田は六町八反（約六・八ヘクタール）、畑が八町二反（八・二ヘクタール）と推定できるが、畑の割合がかなり多い。釜屋灰や海からの肥料が投入できたための畑の広さなのであろう。

釜屋灰は越中（富山）方面に肥料の第一級品として売れたため、外浦ではこの灰を仲買や問屋が仕切っていた。さらに肥料の干鰯も外浦一帯での利用を超えた分は加賀、越中へと廻船で売却されていた。白米は塩づくりと田畑に生きる海辺の村であったが、周辺にはそれを支える漁業や海運業が成立していたのである。

白米の人々は傾斜地を
どのように使い分けているのだろう

集落と耕地の範囲は五五階建て超高層ビルの高さ

■■ 白米は段丘の村

外浦一帯は海岸段丘が発達していて、海岸は崖のように切り立っている。この段丘を海流、風雨、河川などが削り、地形を複雑にした。段丘がもっとも発達しているのは、輪島から南志見川にかけての海岸九キロメートル余りで、段丘の上に水田を開拓した村々が展開している。白米はこの海岸段丘の奥能登側の端部にあるためか、浸食を受け、段丘は地滑りを起こし、海に向けて急斜面となっている。そこに白米の大切な千枚田が拓かれているのである。

空から見る段丘の村々は、小さな川を村境にしているように見えるが、家が両岸に密集していて判然としないところもある。そこで実際に歩いてみると、西側は小さな神ノ木河原と呼ぶ小川が村の境界となっていた。東の村境は谷山川であり、川向こうは南志見の集落（かつての名舟村）となるが、ここから奥能登にかけては段丘面は姿を消し、村々は海岸や川辺に集まっている。

村の範囲は、耕地と集落がある海岸部が広く、山へ向かっては細長くなっている。白米の区長、川口清文さんの助けを得て、その範囲を地図に落としてみると、玉ねぎの玉と茎のような輪郭になった。玉の部分が集落と耕地の部分となるが、この範囲は海から山に向かって六〇〇メートルほどである。そこから奥が山に入り、村境となる。海辺に並ぶ隣村との境は川から川までが原則らしく、白米の

海抜 0 ～ 4 m	海岸（磯が発達、石や岩がごろごろしている）
海抜 4 ～ 170 m	主たる耕地と集落、竹林 表土はローム
海抜 170 ～ 400 m	沢付近はアテ、杉の植林地。 上流に薪炭林、草地 サソラ用水と谷山用水の取水口と水路山道 表土は黒土と岩石（川近くに岩が露出）

白米の土地の高度と利用の仕方

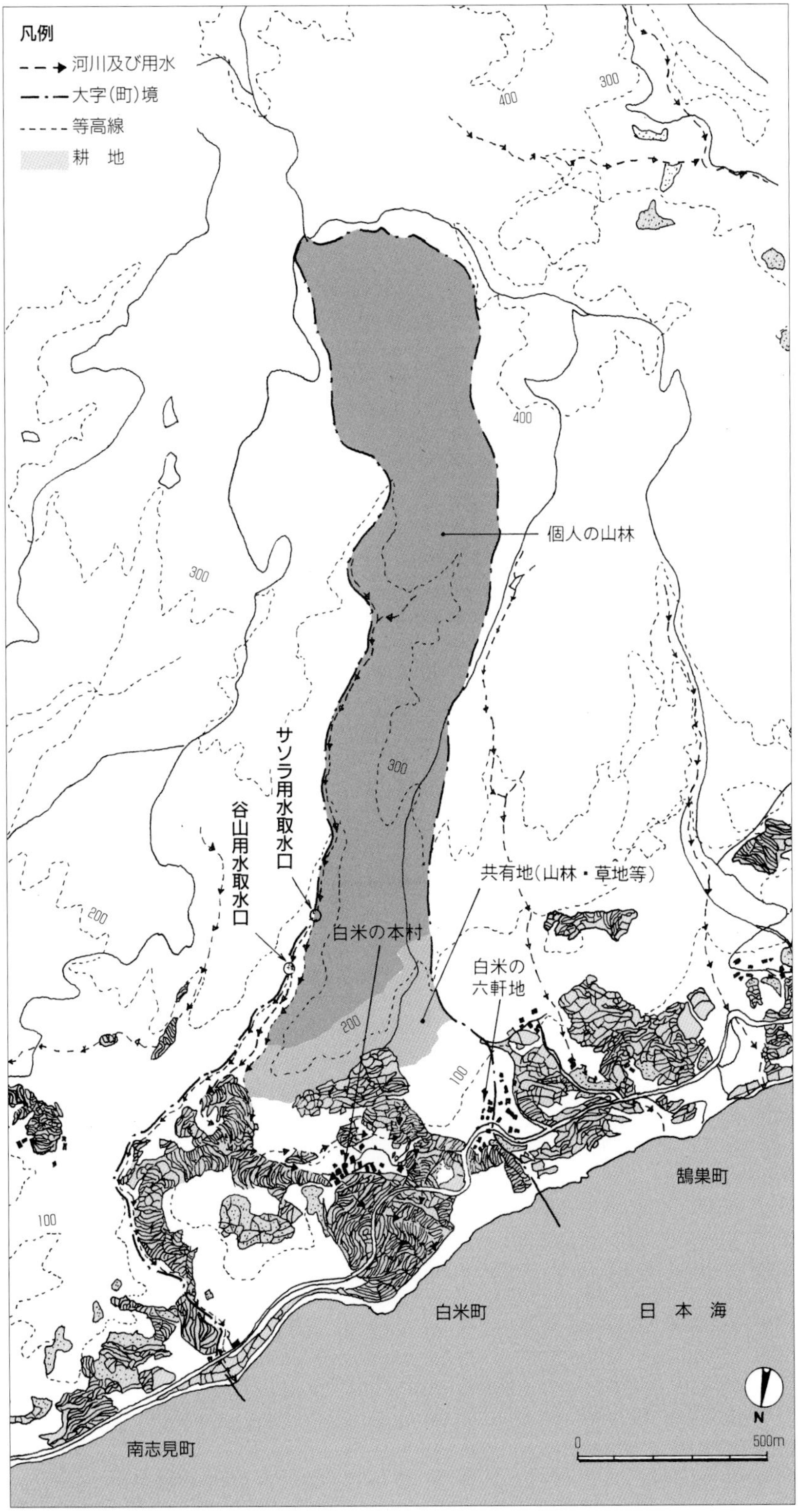
凡例
河川及び用水
大字(町)境
等高線
耕　地
400
300
400
個人の山林
300
300
サソラ用水取水口
谷山用水取水口
共有地(山林・草地等)
200
白米の本村
白米の六軒地
200
100
鵜巣町
100
白米町
日　本　海
N
0
500m
南志見町

白米の海と山と耕地

山境は幅三、四〇〇メートル余りを村有地として山の分水嶺近くまで延びていた。

渚近くの水田はコンクリートの護岸とテトラポットに守られているが、それでも強い海風を受けると潮をかぶり、収穫が悪くなる。かつての塩田を水田につくり直した一帯である。白米の棚田はすべて土坡でつくられている。土は粘りのある珪藻土で、風化していて粘土のようになっている。乾いて硬く白褐色となる。水を含むと通水性がなくなり、濃褐色の粘土状となる。この土はロームと呼ばれることもあり、時として、地が滑るように動く厄介な性質がある。鍬で田を耕しても底部がカチカチのときもある。しかし、畦の土坡は水を含んでいて日も当たり、柔らかく草も繁る。この土坡の田は秋になり、水を切っても水が残る湿田や半湿田の状態で冬を越す。だから秋、冬の畑にもならず、冬の裏作はできないのである。

この土を耕土にするには堆肥や刈敷、海藻、尿、荒土などを、入れ続けなければならなかった。毎年継続して大量のさまざまな肥料を投入し耕し続けなければ、この土地は千枚田のある風景に育ってくれなかったのである。✦1

■■ 耕地と集落の範囲は五五階建ての超高層ビルの高さ

白米の村有地は海岸部では二つの川の河口を境界としていて、その間の長さは九五〇メートルほどである。また海抜四〇〇メートルの分水嶺までは直線距離で二五〇〇メートルほど川をさかのぼる。

航空写真と地図を併用して、土地の高さと土地の利用の仕方の関係を表にしてみたのが、一二八頁の下表である。

このうち、耕地と集落のある部分の高低差一六六メートル余りに注目してみる。たんぼは海抜四〜六〇メートルのあたりにあり、畑はそれよりも高めの海抜六〇〜八〇メートルあたりに多く分布している。海抜六〇メートル前後の中間地域には田畑が入り交じっている。というよりは畑は水を引きにくいところに分布しているといったほうが適切だろう。

この関係は、高さ一六六メートルの建物にたとえるとわかりやすい。一階当たりの高さは、ほぼ三メートルほどとなるので、白米の耕地と集落のある地帯の高度差は、五五階建

✦1
近世初期の資料と思われる栗蔵家文書の中に土坡のたんぼの耕作手間が計上された史料がある。これによると一年間の作業手間が反当たり（三〇〇坪）で示されていて、施肥の割合や土坡の田仕事の概要がわかる。
一反の荒起し（起耕）（三人）、中切（二人）、畦ぬり（一人）、二番きり（二人）、あらくれ（二人）、しば草、一番肥（六人）、坪土、二番肥、魚肥（五人）、三番、厩肥、げす（四人）、三度の草取手間（六人）、稲刈りの手間（二人）、千積取込まで（九人）、稲こきすり米にするまで（八人）、計五〇人
このうち肥料投入は一五人工かかるので、約三割となっている。
畦ぬりなど水稲づくり共通の作業も含まれるが、中切、二番きり、あらくれの六人工は土坡の田で毎年行う独特の田形形成作業といってよい内容である。畦を切り、畦草や土を田の中に入れ整える。畦を塗って防水し、また畦を切る。石垣の田にない作業がたくさん入っている。土坡の田は粘土細工のように塗ったり切ったりしながら毎年少しずつ、大小形を変えていく。もしかすると一〇〇年前の一枚一枚のたんぼの形は、今とは大いに異なっていたかもしれない。

て超高層ビルの高さになる。そのビルの一～一九階あたりに棚田が集まり、二〇～二七階部分が集落域、二八～五五階部分は畑が多くなる構成となる。

つまり白米の村人の日常の農耕作業は、一九階ほど下がっては戻り、二八階ほど上がっては集落に戻るというものだった。もちろん徒歩で坂道を登り下りして耕地や山へ行ったのであるが、さらに大正の頃までは今の磯浜が、きれいに塩田に造成されていて、村の半数の人々が浜まで降りて、揚浜式の製塩を行い、塩を焚いていたのである。

■■七九九五枚あった土坡のたんぼ

区長の川口清文さんと白米の用水の取水口を見に行ったことがある。用水をたどり、たんぼに至る道筋を歩いてみると、放棄されたり、山林に戻った耕地がたくさんあった。谷山川沿いの半数以上の日陰地のたんぼや山の上の田畑の大半は植林され、杉林となっていた。昭和三〇年代以後、急激に人手がなくなり、人家から遠い手間のかかる耕地から、そうなっていったという。

かつて白米の耕地はどのくらいあったのだろうか。

白米の最盛期の姿を復原してみたのが、次頁以降の図である。資料にしたのは明治一二（一八七九）年、明治二〇（一八八七）年頃の絵図とその他の資料二種である。明治一二年の絵図には「能登国鳳至郡白米村、山林原野等別桟字限全図」という長い名前が付いている。絵図には地番別に番号が付き、地目は色分けによって区分されていた。地番の横に枚数が記され、その枚数の耕地に分かれていることを示していた。この水田分を合算してみると、七九九五枚もあった。これが明治一二年の白米の水田の総枚数である。

この時代、六町八反歩ほど水田面積があったので、たんぼ一枚の平均面積は二・六坪（八・四平方メートル）余りとなる。ただし畦道を含んでの面積であるので、実際のたんぼの面積は二坪弱と思われる。

当時、白米の戸数は二四戸余りである。一戸当たりの水田所有面積の平均は、約三反（三〇〇〇平方メートル）と計算上はなるが、この時代、自作農、小作農が入り乱れ、実情は定かではない。

土坡のたんぼの田起こし

明治20年頃の白米の耕地

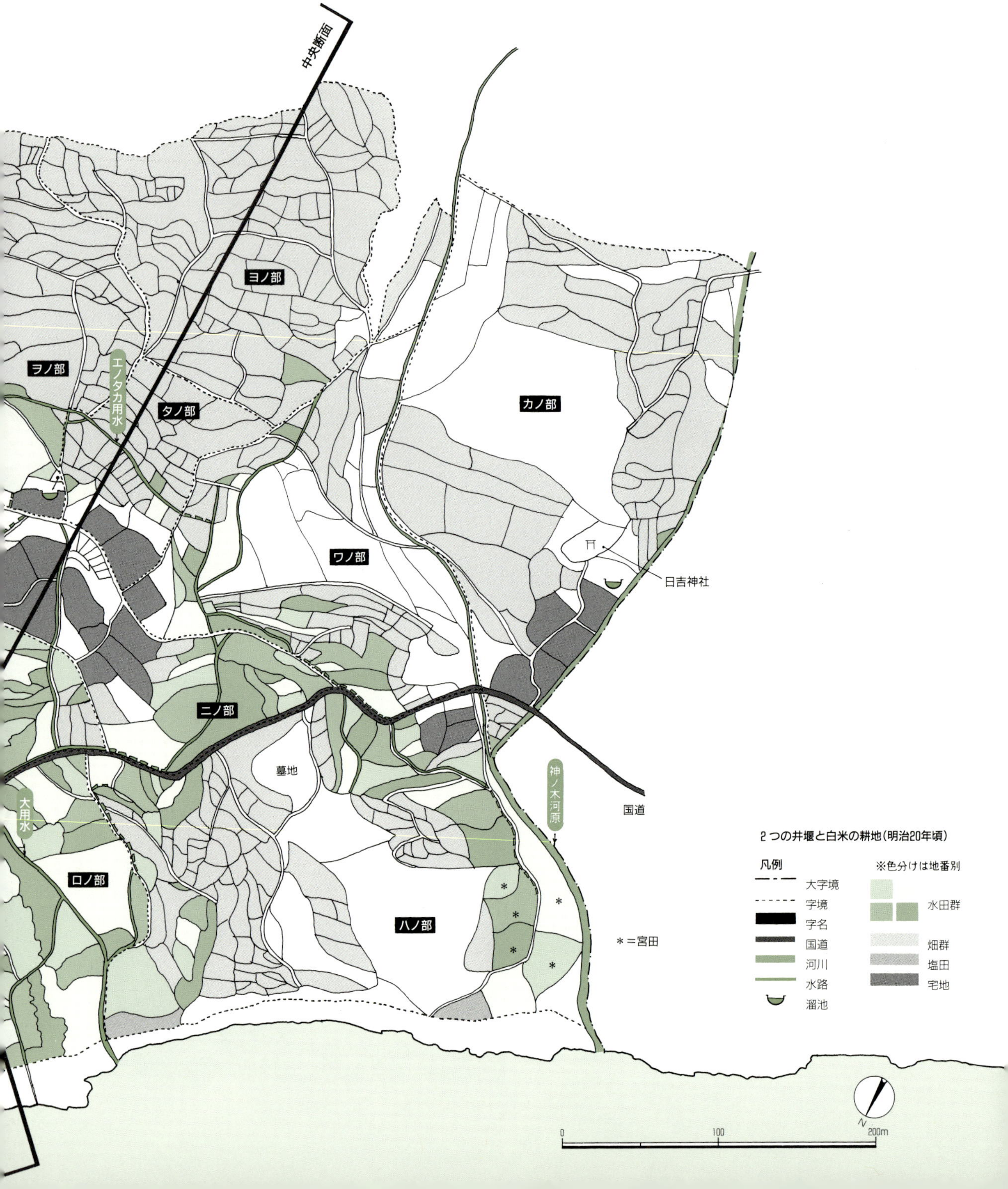
中央断面
ヨノ部
ヲノ部
エノタカ用水
タノ部
カノ部
ワノ部
日吉神社
ニノ部
墓地
国道
神ノ木河原
大用水
ロノ部
ハノ部
＊＝宮田
2つの井堰と白米の耕地（明治20年頃）
凡例
大字境
字境
字名
国道
河川
水路
溜池
※色分けは地番別
水田群
畑群
塩田
宅地
N
0
100
200m

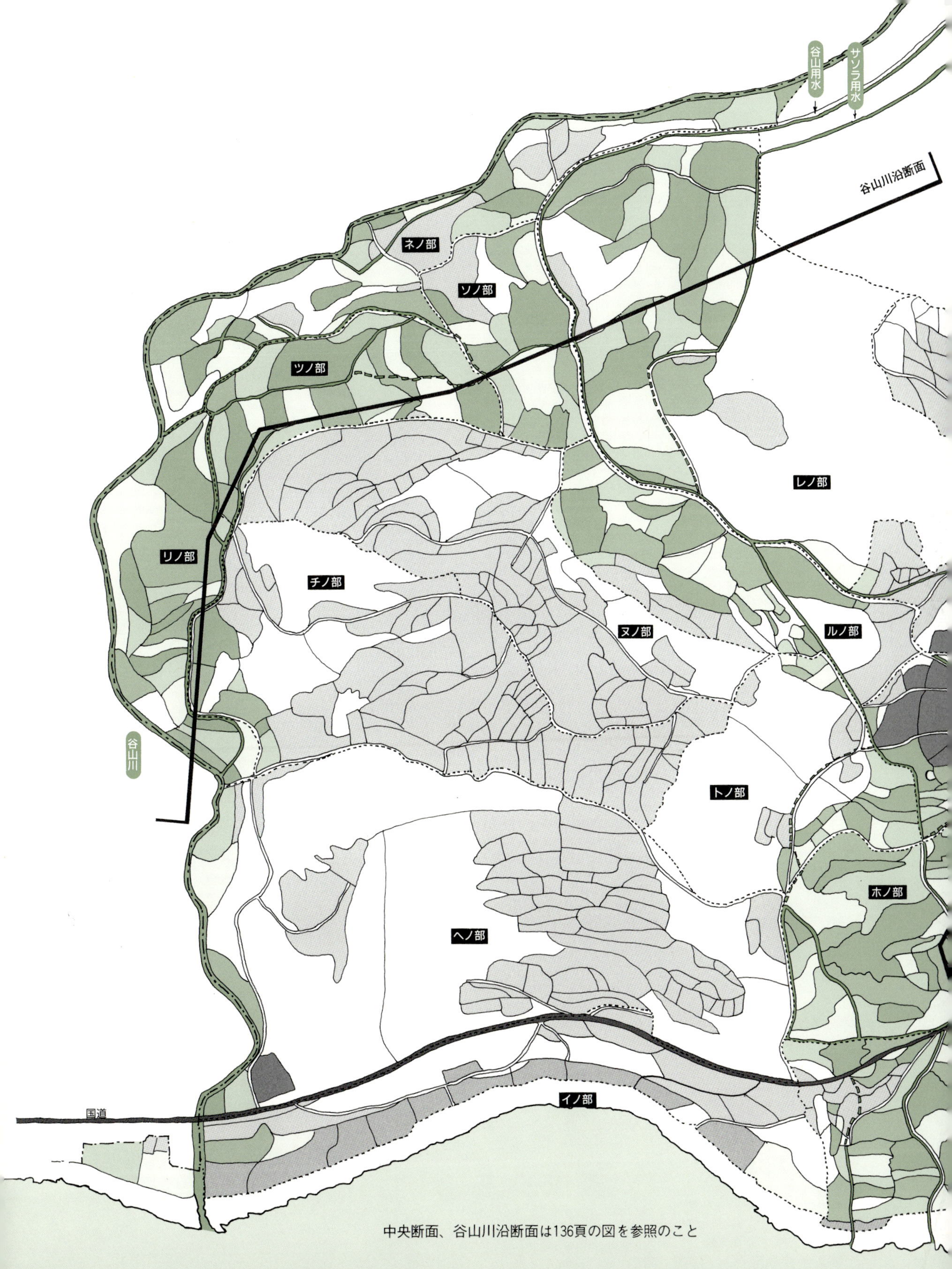

中央断面、谷山川沿断面は136頁の図を参照のこと

前田（沼田）・古屋は旧小字名で、複雑な地番の目印となっている。小字名の沼田のある場所は勾配が緩く、凹地になっている。1枚1枚の田は大きく、水が湧くのか冬でも水が切れない。古い時代に掘られた湿田であろう。

タノ部
トノ部
ニノ部
ホノ部
前田（沼田）
ヘノ部
国道
大用水
イノ部
ロノ部
古屋

資料の絵図には面積、所有者、位置（小字名）などは表記されていなかった。そのため、他の資料を使って耕地面積を合算すると、明治期の耕地面積は次のようになった。

・水田　約六町八反歩（六万七四七六平方メートル）
・畑　約八町二反歩（八万八八五平方メートル）

耕地の合計は、およそ一五町歩（一四万八三六一平方メートル）余となる。しかし、地図上にその位置をプロットして概算してみると、実際よりも少なそうである。

白米には現状の測量図がない。そのため残念なことに田形の正確な姿、形は追えないのである。明治の絵図は地番ごとに何枚と記述してある覚え図で、一枚ごとの測量図ではない。これも残念なことに位置を正確には確認できない。

そこで、航空写真の助けを借りた。先述した昭和二二年、昭和四〇年、昭和五〇年の三つの航空写真を比較しつつ、田形一枚ごとの形と絵図の番地の範囲を特定していった。

この作業の過程でおもしろいことに気が付いた。勾配が緩いところ、例えばホの部の沼田などは一枚の田が大きく、逆に勾配が急なところほど、田は細く小さく割られているのである。たんぼの形は、おおむね等高線の緩急に沿った形であった。

■■勾配と土坡の行列

海から山まで高度差四〇〇メートル余りの傾斜地を白米の村人は、これまでどのように活用してきたのだろうか。

国土地理院発行の縮尺二万五〇〇〇分の一の地図で、山境までの範囲を確認したが、この地図では全体はつかめても、棚田や建物の大きさはわからない。棚田の勾配を分析するには、もっと詳しい測量図が必要となった。輪島市役所が作成した測量図（縮尺五〇〇〇分の一）を借用し、棚田の断面図を二カ所作成してみた。

断面を切ったところは、一三二、一三三頁の図に示した谷山川沿いと海岸の傾斜地である。結果は下段の図のような勾配となった。棚田は六〜一一度前後、畑は二二度前後の地帯に造成されていた。しかし、実際に見たところの印象では、もっと高低差はいろいろありそうである。

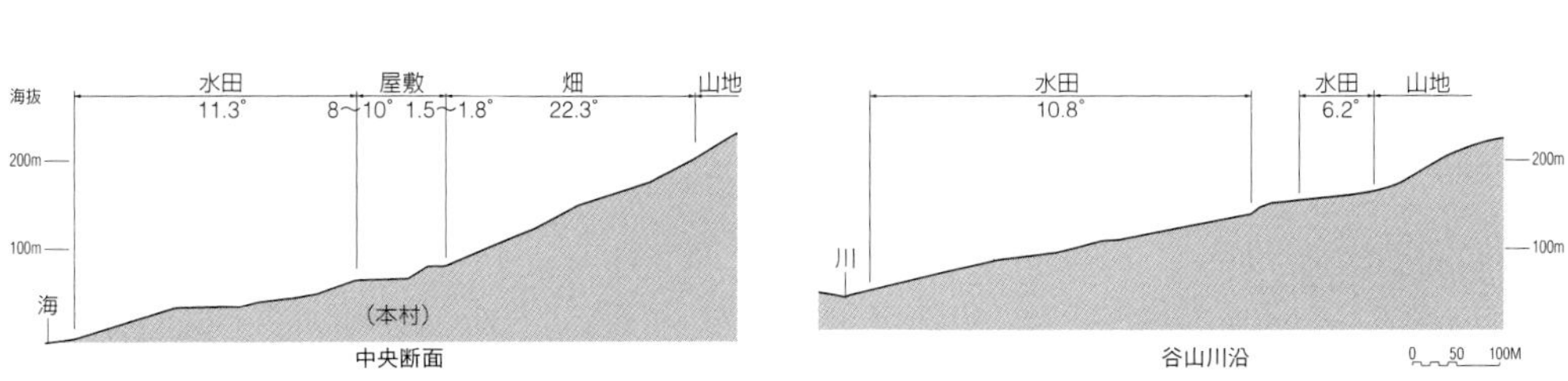

白米の耕地の断面

■■ 地形全体の勾配

断面図では断面を切ったところの勾配だけしかわからない。地形全体の特徴を見るために、輪島市が後日新規に作成した棚田の実測図（縮尺五〇〇分の一）を使い、丸山と同じように細かく分析してみた。谷山川沿いの棚田の実測図はまだできていないので、今回は残念ながら除外した。海岸部の棚田の範囲はほぼ二六〇〇×四〇〇メートルの中にある。これを一〇メートル四方ごとに区切って、一コマごとに勾配を分析し、全部で一〇四〇コマの勾配分布図を作成した。この勾配分布図から勾配の割合とたんぼ、畑、宅地の利用状況をグラフにまとめると、下段のようになる。

傾斜地を定住地とした村、白米の場合、この表から最大で勾配三〇度までが可耕可能な土地であったと考えてよさそうである。白米は棚田も畑も崖もすべて土坡でできている。村人は勾配をなだめるように使い分けてきたのであろう。できることなら定住地は平地がよいはずである。しかし、海と海岸段丘と山地からなるこの村の地形では無理があるため、耕地利用の工夫が、この勾配の中から見えてくる。宅地にするために五～一〇度の勾配の土地を造成したのは、海抜六〇～八〇メートルあたりである。畑は最大でも傾斜三〇度以下に削って耕地にしたようで、これは人為的な勾配である。

棚田は〇～一〇度までと一二・五～二〇度までの二つの範囲に集中する。✦2 海抜でいうと四～七〇メートルの間となるが、この中ほどに勾配が五度前後の窪地があり、村人はここを「前田」と呼んでいる。水が湧く湿田で、明治の耕地図の「ホの部」にある。たんぼや集落を拓くには水が不可欠である。水の湧く前田周辺を開拓の初めに重視していたはずである。勾配が低く、造成が楽だからである。初めにこの地に小さな川や湧水があったことから田地開拓の地として選ばれた土地なのであろうが、このことを示す史料はまだない。

勾配が一二・五～二〇度の傾斜地は、たんぼや畑の面積がもっとも多い場所である。集落の上にも下にもこの勾配の土地がある。勾配が急なほど造成開田に人手が必要になる。したがってかなり後になってから開拓された場所であろう。

✦2 一五七頁のグラフ参照

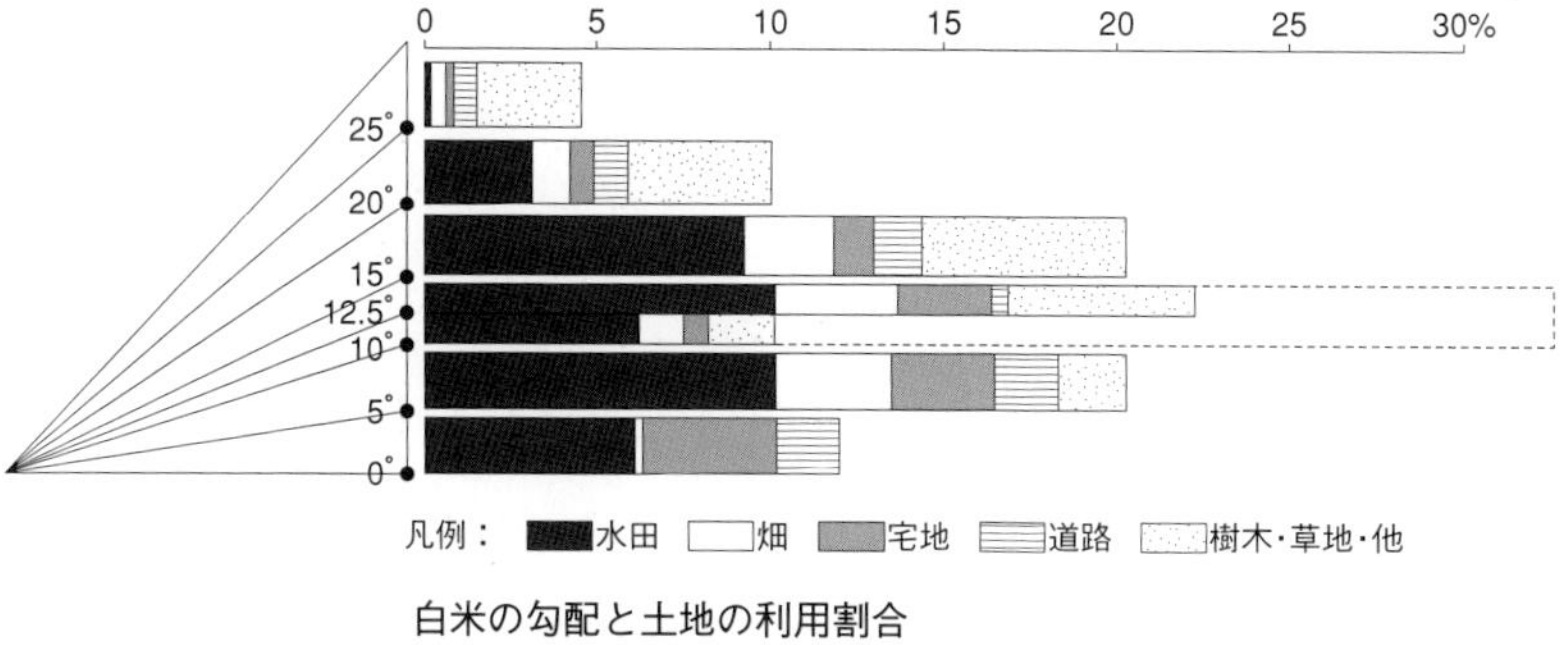

白米の勾配と土地の利用割合

■■ 川と村域

集落の立地が棚田と畑の中間、山際にあるのは、ここから水が湧くためである。現在どの家も浅い井戸をもつが、湧水を集めて一つの小さな流れをつくり、二戸で共用する洗い場があり、下に流れて田に至る。古くは井戸でなく、沢水を利用したかに見える集落の構えである。白米の集落は三手に分かれていて、本村一二戸、六軒地六戸、谷山川の河口にある一戸の計一九戸である。六軒地は村境の小川である神ノ木河原の川岸にある。対岸に八戸並ぶが、これは隣村の「境地区」で、この村の集落の残りの六戸はさらに西側の村境の小川に集まっている。

村々はいずれも海抜六〇～七五メートルの間に立地する。この付近が水が湧き、耕地にも近く、使い勝手のよい土地なのである。

先に述べたように、輪島から白米にかけては海岸段丘が発達していて、海岸近くで小川は深い沢を形成するが、海抜五〇メートルあたりでは台地の上を流れる沢となる。白米の神ノ木河原も同様に数軒の立地を許すほどの広さがあり、草分けの家もここに多い。白米の村社、日吉神社はこの小川の上手にあり、下流に宮田があるので、白米の村の大切な開拓拠点はこの小川の流域であった。しかし六軒ほどの立地が限界だったのだろうか、本村はやや離れて同じ等高線の地に並んでいる。

白米のもう一つの村境、谷山川は本村の東側にある。川辺の一軒屋は以前は藩の塩蔵があった場所で、江戸時代、白米の集落は六軒地と本村だけであった。谷山川の沢は深い。深いまま上流まで至るので、沢に沿って形成された棚田の大半は日当たりがきわめて悪く、現在は放棄され、茅や葦の原に戻りつつある。谷山川の水が十分あっても、日当たりが悪く、集落からも遠く、収穫も少ない手間のかかる棚田であった。それでも米を求めて棚田を拓く時代があったのである。

一方、北に海を見る本村一二戸の立地する一帯は、日没までの日当たりがもっともよい台地である。しかも土地が珪藻土のため、海岸段丘は崩れて、緩やかに海岸に至っている。海岸端が段丘の崖にはなっておらず、その分棚田が海辺まで広がり、海辺の千枚田という景観をつくることになったのである。

西の村境にある神ノ木河原

神ノ木河原の海岸近くにある宮田

土坡のたんぼはどんな特徴をもっているのだろう

水を流す仕掛けと変わるたんぼの形

■■二つの井堰と水源地

水源地から水は下の棚田に流れてくる。そのことははっきりしているのだが、実際に水がどういう経路を経てそれぞれのたんぼを辿るのかは簡単にはわからない。水路が交叉し、さらに網目状に走り、多種類の水源から水を田に入れ、さらに再分配しているからである。地形、地質、水の権利、田形など、村によってまったく異なるためでもある。

航空写真で白米と西隣の境村のたんぼの形を見比べるだけでもそのちがいがわかる。境村の田は一枚一枚が大きい。白米はその五分の一もないが、これは勾配が急だからである。村の境界となる川を挟んで、境村は発達した海岸段丘の上に棚田があり、海際は崖地となる。一方、白米は海岸まで土地が滑り降りている。耕地面積を見ると、この強い勾配のおかげで境村の倍ほども耕地が拓かれている。そして細やかな水田群となっているため、水の引き込みも竹樋の渡し掛けなどの小技がたくさん使われている。田の群は数十枚、数百枚分が一つの地番となって絵図に記されているが、田への水の取り入れ方の基本は田ごしである。

加えて江と呼ばれる小さな水路網が、田ごしの棚田群へ給水と排水を繰り返し、離散集合している。水源地がいろいろあり、かつ水路がすべての水田に水を供給するため、高低を変えて走っている。

白米の場合、水は谷山川の井堰からと、そ

竹樋の渡し掛けによるたんぼの取水

たんぼと水路

れ以外の水源地からの二系統と見ると、わかりやすい。谷山川の上流に井堰が二つある。海岸から直線で一〇〇〇メートル余りのところに一カ所、さらに上流約二〇〇メートルの地点に一カ所ある。前者の取水路を谷山用水、上流の水路をサソラ用水と呼んでいる。この二つの用水が白米の幹線となり、水を分けていくが、途中で名を変える。ほかの小さな水路には名がないという。幹線の流路を追うと、下段の図のようになる。

このうちの谷山用水が重要である。古い資料を見ると、谷山川を別名「大川」と呼ぶこともあるらしいが、大用水もそこからの名称であろう。谷山用水を大用水と記している資料もあった。この用水が主幹の流れとなり、集落の東側を主に給水している。

集落の西側を受け持つのは、エノタカ用水である。エノタカ用水は別名「江のたか」「家高」とも書くようで、「江のたか」は谷川用水より高いところを流れる江（水路）、また「家高」とするのは本村より高いところを走る水路の意味であるとも村人はいう。

エノタカ用水が供給する本村西側の田には、この用水からの供給を受けずに成立する小さな水路が四つある。二本は集落内を水源地とするもので、水源は小さな溜池や集水堤である。残る二本の用水はエノタカ用水より上部の棚田から流下する水路である。

このほか、二つの井堰より独立した水系をもつものは、神ノ木河原と呼ぶ小川の水を受ける棚田である。日吉神社付近の湧水や溜池を利用したもので、わずかな面積であるが、下流の宮田へ流下する水系である。

これらの水量はいずれも谷山川水系の二つの井堰によるものに比べてわずかなものであるが、この湧水と溜池による水源は古くからのものとして位置づけられる大切な水系である。

■二つの用水はいつつくられたのか

谷山用水とサソラ用水が引かれた理由を考えてみよう。

この二つの用水は、高さでいえば約一五～二〇メートル余りの落差しかない。サソラ用水を谷山用水より高い位置にある水田開発のためと考えると、明治の絵図からは田に復原できる面積は、二・三ヘクタール（二町三反）

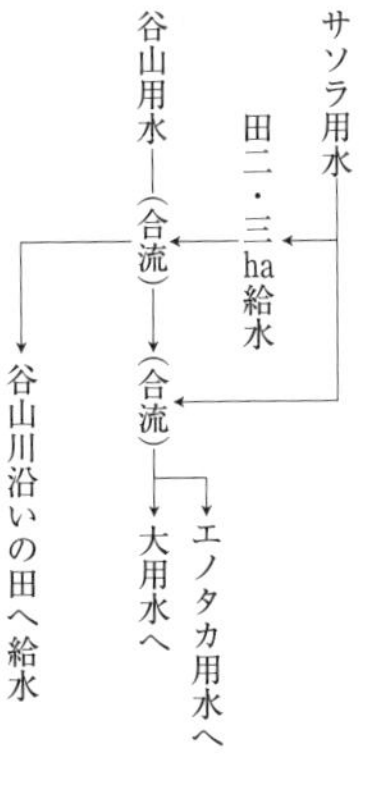

谷山用水

しかない。この水田に供給した後、サソラ用水は谷川用水に合流している。不思議な用水である。

その合流点の先には勾配が一〇分の四（二三度）と急勾配の畑地がたくさんある。土坡の棚田をつくることのできない勾配である。高度な測量技術を使って用水を拓いた人たちが、ここに給水することを開削当時に考えていたとは、とうてい思えない。

先に述べたように、谷山用水は大用水と名を変えて東側半分の棚田に給水している。西側へはエノタカ用水が給水している。村人の間では両用水の開削はほぼ同時期と考えられているようだ。何かの理由で谷山用水だけは東西両面への給水が不可能だったために、補充用に谷山用水に続きサソラ用水を開削したのではなかったかと、図面を見ながら推測している。しかし、これには根拠となる文献史料があるわけではない。

二つの用水がいつ頃開削されたか、これについても具体的な史料は残されていない。しかし、手がかりとなる傍証は近隣の史料の中にある。

寛永七（一六三〇）年には稲舟の春日用水、

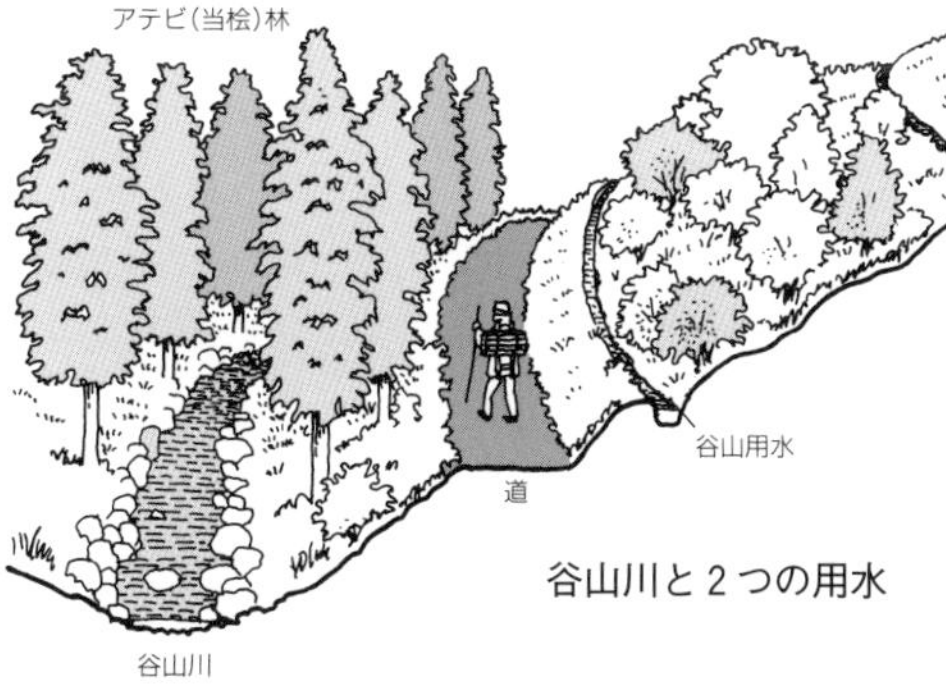

谷山川と２つの用水

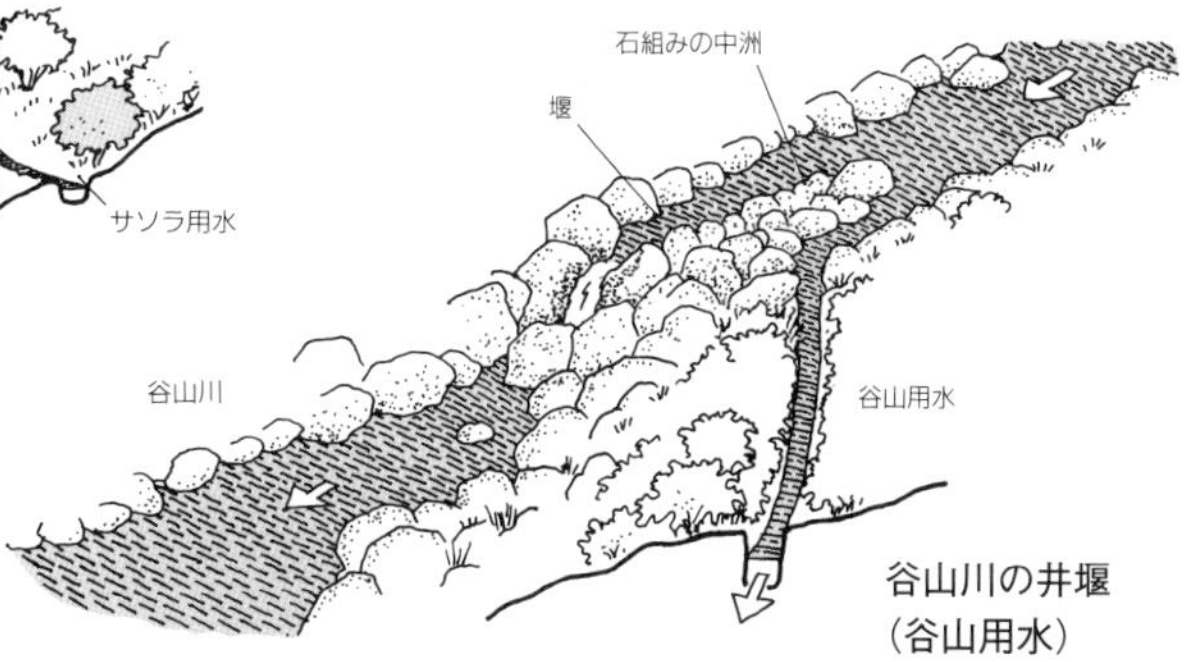

谷山川の井堰
（谷山用水）

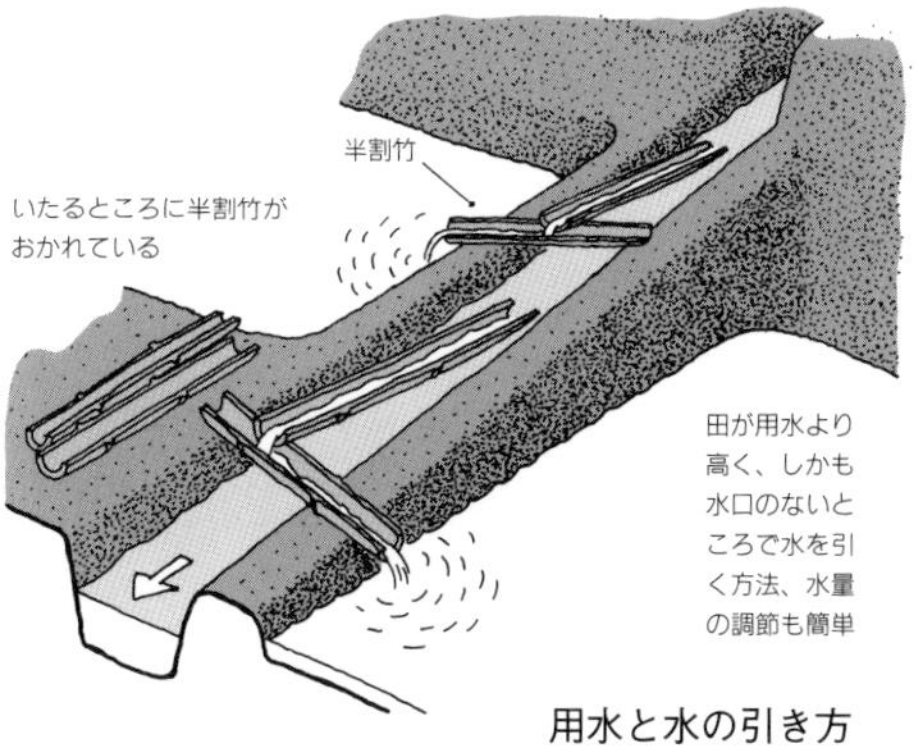

用水と水の引き方

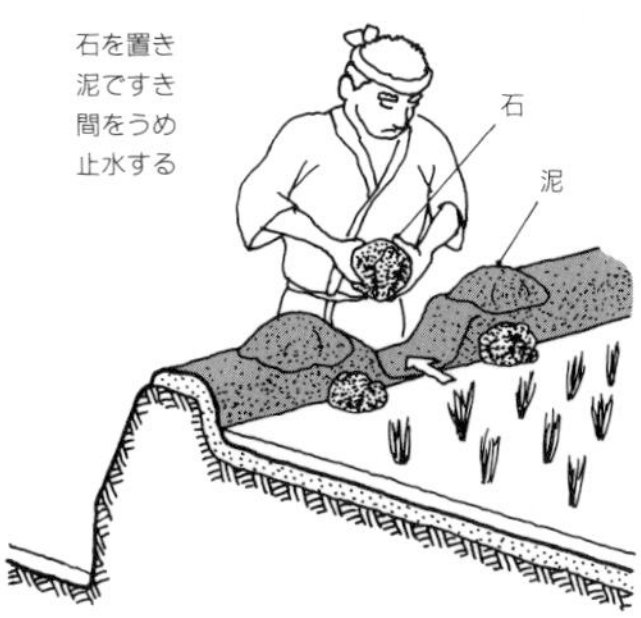

落し口の水を止める

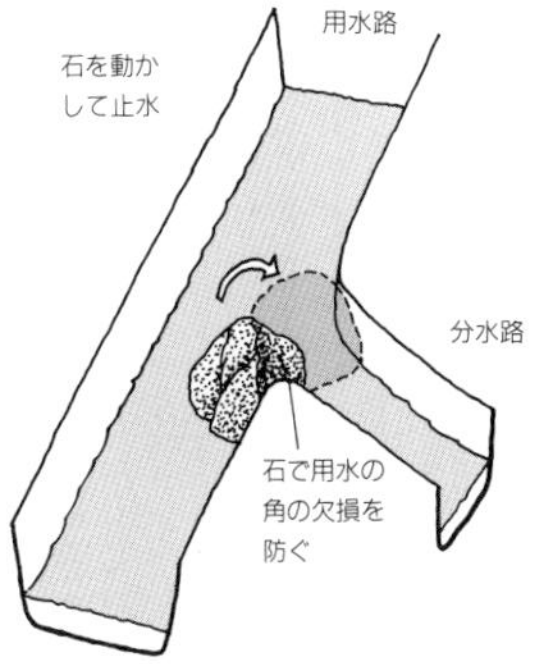

分水と止水

深見の尾山用水がつくられている。また寛永九（一六三二）年に兼六園から金沢城へサイホン式で供給する辰巳《たつみ》用水が完成している。この仕事はいずれも当時、輪島地方の奉行、稲葉左近直富の配下であった代官、下村（板屋）兵四郎の仕事であり、さらに白米の用水も兵四郎の手によると推測されている。

以上のことを根拠とすると、兵四郎は辰巳用水完成後、自刃《じじん》したとも伝えられているので、白米の用水は寛永九年以前の寛永期頃（一六二四〜）に開削されたことになる。

江戸初期、外浦一帯は新田開発が盛んであり、畑から水田へのつくり直しも多かった。能登が加賀藩領になったのは天正九（一五八一）年である。以後、同藩による開田奨励などにより七〇年後には二〇％ほどの田地が増加したと推定されている。特に新田開発を奨励したのは寛永四（一六二七）年からで、新田づくりはブームのように外浦一帯で行われていたのである。

さて、測量術のことであるが、加賀藩領には江戸初期に鉱山があった。尾小屋金山である。近世中期には金平金山が開坑している。いずれも測量術によって坑道開削が盛んに行われていた。トンネルによる開削が多用された辰巳用水や灌漑用水に、この鉱山技術が応用されたと考えても何の不思議もない。

一方白米の井堰から水路へと流れる微妙な水勾配の取り方は見事である。上部の田まで海抜一四〇メートル余りある。また取水地の海抜はおおよそ一五五メートルである。水は落差約一五メートルで下っていく。その間、延長約三〇〇メートル。勾配は約二〇分の一（三度）である。江戸初期の用水工事の精度の高さには改めて驚かされる。

■■井堰以前のたんぼの姿

谷山用水とサソラ用水の二つの井堰がつくられる以前の白米の棚田は、どのような姿をしていたのだろうか。明治期の利水系統図（一四四、一四五頁）を作成したので、それをもとに検証してみよう。

二つの井堰がないと仮定すると、これらの水に頼る谷山川沿いの大半の棚田群は消えてしまう。わずかに下流の直接取水する沢筋の棚田が残るだけである。この水は海岸に面する棚田に巡っていく。

集落の上部のたんぼと水路

集落端を流下する大用水の東側と西側では取水の方法が大きく変わっている。流路のへこんだ地形を見ると、この部分の大用水は古くは集落（本村）東端を走る沢に復原できそうである。

また大用水の東側は大用水に頼る水系だが、流路を見ると途中で集落中央を水源とする水路が入った姿に復せる水筋がある。東側を上、中、下の三つの地域に分けてみると、中位の勾配のなだらかな地帯（ホの部辺り）は別名、沼田、前田というが、現在も田の一枚当たりの面積は広めで、草分けの家々が所持している田が多かった。しかも泥は深く、水持ちもよい古い湿田である。すぐ近くに集落中央からの水路が寄っている。このあたりは井堰以前からの古い水田群が存在していたと推測できる地帯である。

次に大用水の西側の棚田群の姿を追ってみる。二つの井堰以外の水源地といえば、先に述べた四本の水路と西側の神ノ木河原と呼ばれる小川沿いを水源とする水系である。まず四本の水路を追ってみよう。このうち二本は集落（本村）を水源地としている。ここには溜池と湧水があり、二本の水路にまとめられ下っていく。下り方の順を利水系統図の番号で追っていくと、下段の右図のようになる。

残り二本の水源は本村の西側の棚田を潤している。水源地は系統図のヨ、ワの部の上方にある。これらは途中で合流し、下段の左図のような地番を経て、海へ流下する。

残るカの部にもわずかに田があるが、ここは神ノ木河原水系である。

以上に述べた九つの地番、ロ、ハ、ニ、ホ、ヲ、ワ、カ、ヨ、タの部の総計は、次のようになる。

・棚田面積　二万七一三六平方メートル
・枚数　　　三四七七枚

ただし、この数値はサソラ用水の水が加わっての面積である。文献通りに二割程度の田が近世に増えたと仮定すると、用水ができる以前の棚田の姿は、四本の水源と沢水がかりの棚田二ヘクタール（二町歩）程度の水田があったことになる。明治時代の三分の一弱程度の水田があったにすぎなかったのである。用水ができ、近世初期以後に残りの四町歩余りが拓かれていった。用水ができる以前の白米の景観は、現在とは大きく異なっていたのである。

タ、ヲの一部→ニ部の上半分→ホの部→
ホの部から→（東）ロの部の約半分→海へ
　　　　　　（西）ハの部の約半分→海へ

ヨの一部→ワの部
→（東）ニの部の下半分→ハの部の半分へ
→（西）ハの部の半分（宮田方面）→海へ

勾配の緩やかな前田

白米千枚田の水の流れ
(明治 20 年頃)

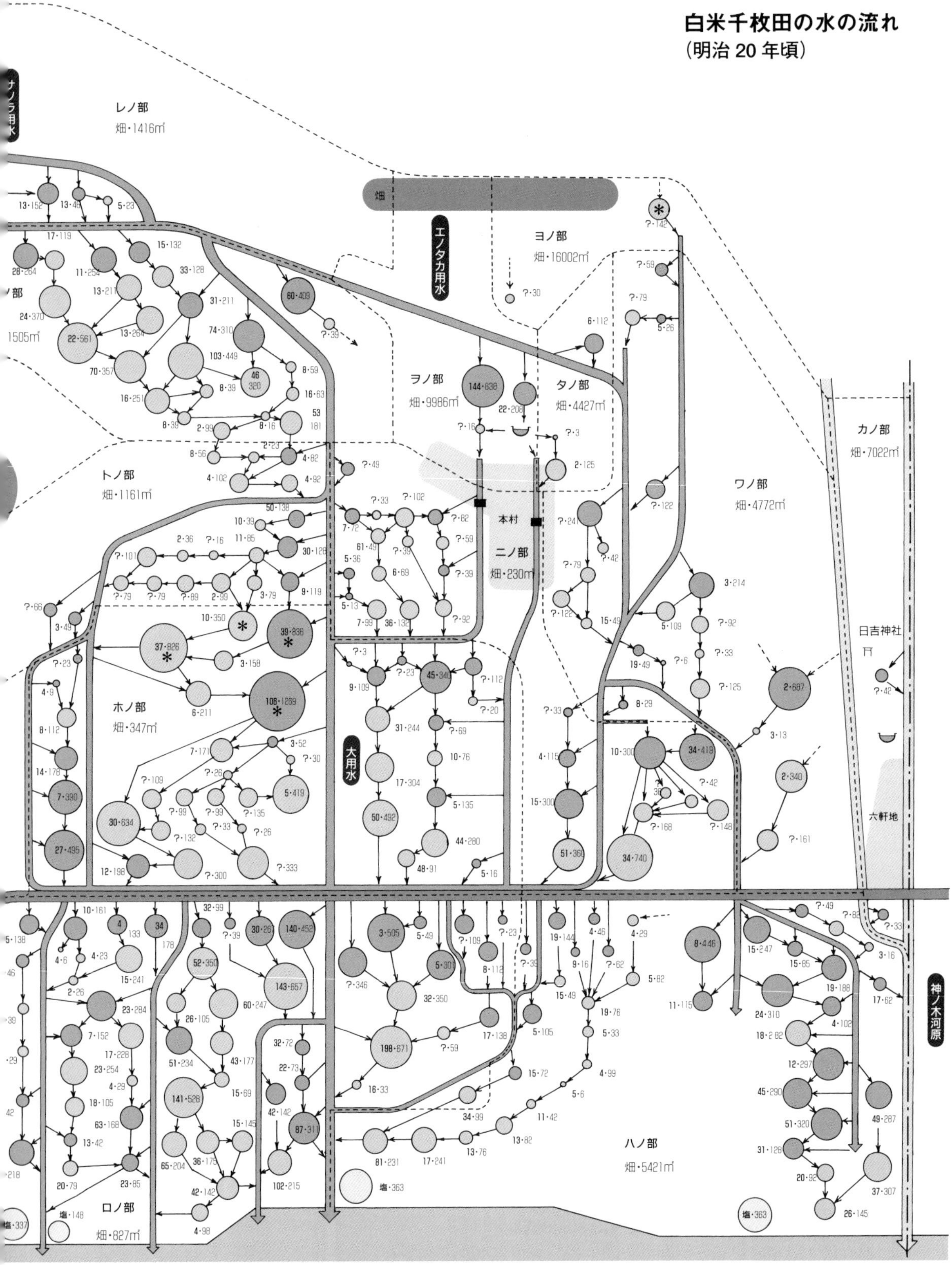

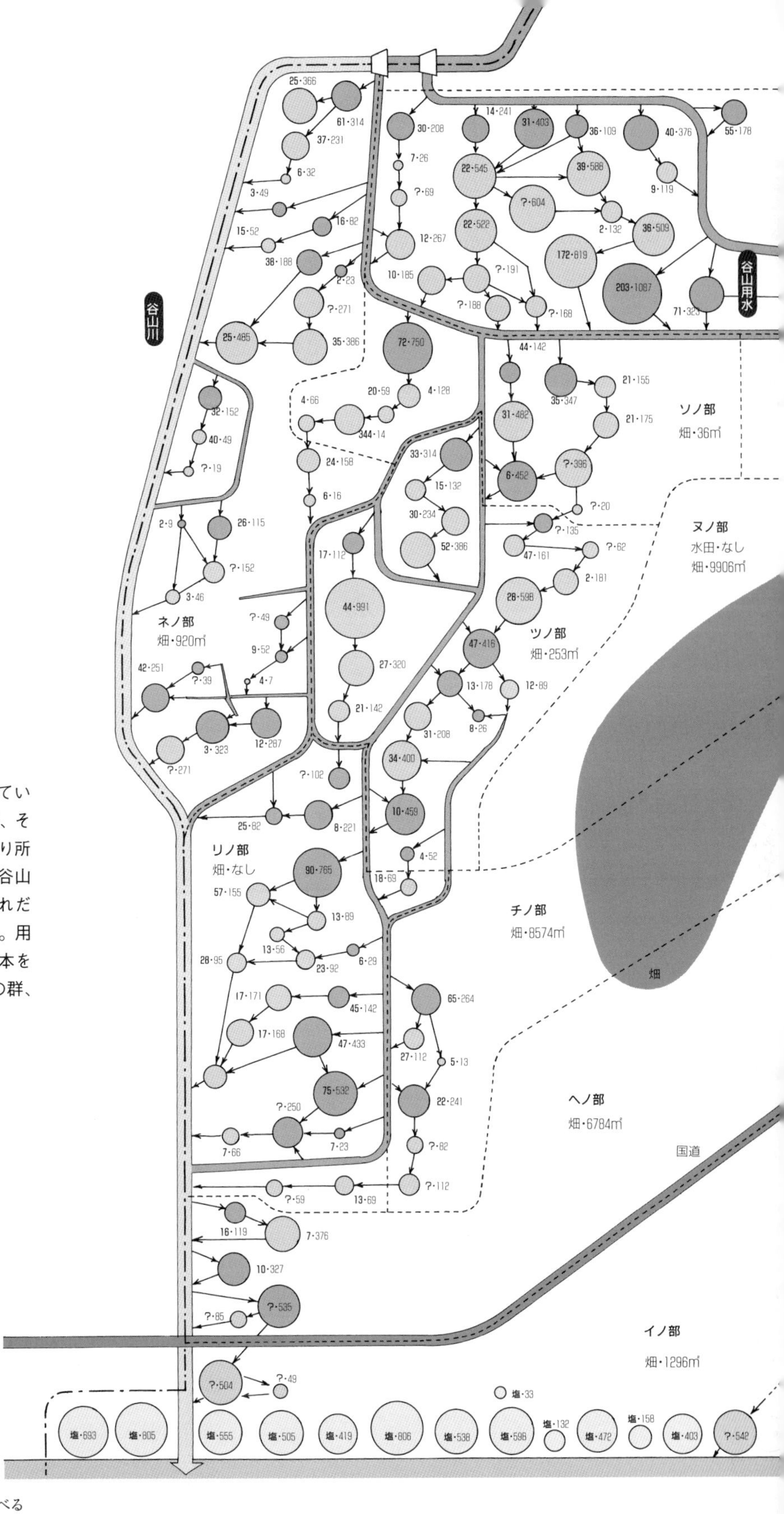

たんぼは群になって番地が付けられている。これが所有の単位面積であるが、それを系統図にしてみると棚田群、つまり所有の単位の細かさが目立つ。そして谷山川の２つの用水が、白米の水田をどれだけ豊かなものにしたかが、よくわかる。用水以前は本村周辺の溜池と小用水４本を水源とするものと、神ノ木河原の田の群、計２町歩が小さく存在していた。

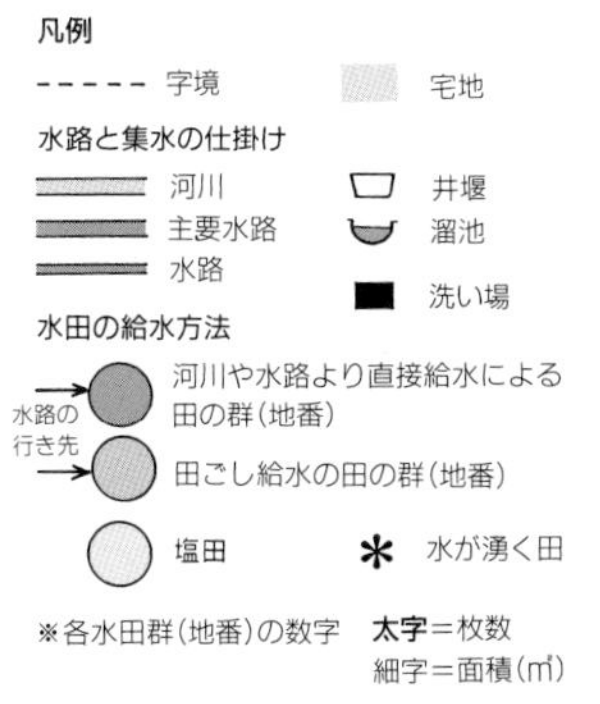

土坡の棚田の工事見積書

土坡の棚田をつくるのに
どれだけの費用と時間がかかったのだろう

■■井堰ができる以前の棚田づくりにかかった労力

白米の棚田をつくるのにどれだけの労力と時間がかかっているのだろうか。

紀和町丸山の千枚田で調べたように、白米の土坡の棚田も調べてみよう。まず井堰ができる以前の棚田づくりにかかった労力を調べてみることにする。

本村の西半分を流れる四本の水路と神ノ木河原の流域を井堰以前の棚田群と仮定して、以下の数値を計上した。基本に田ごしの水田群があり、それを助ける小さな水路があったと想定している。

・四本の水路の総延長　約二二〇〇メートル
・二つの溜池と棚田の総面積　約二・二ヘクタール（約二町二反）
・塩田の面積　約〇・四三ヘクタール（四反三畝）

作業人工《にんく》数は比較の意味から紀和町丸山の場合の数値を使う。勾配は緩めのところが多く、土坡の棚田なので石積み工は除いてある。反（三〇〇坪）当たり二六三・九人とする。

塩田は石垣づくりであり、海岸、海中での作業を考慮し、反当たり三五五人とする。水路工は一間当たり二人、また溜池工は面積が小さいので棚田工事の中に含めておく。

なお数値は概算のため下二桁は切り捨てている。

・四本の水路工事延べ人工　二五〇〇人
・溜池と棚田工事延べ人工　五八〇〇人

土坡のたんぼの田形

等高線上に並んだ田形

田おこしと地番境の処理

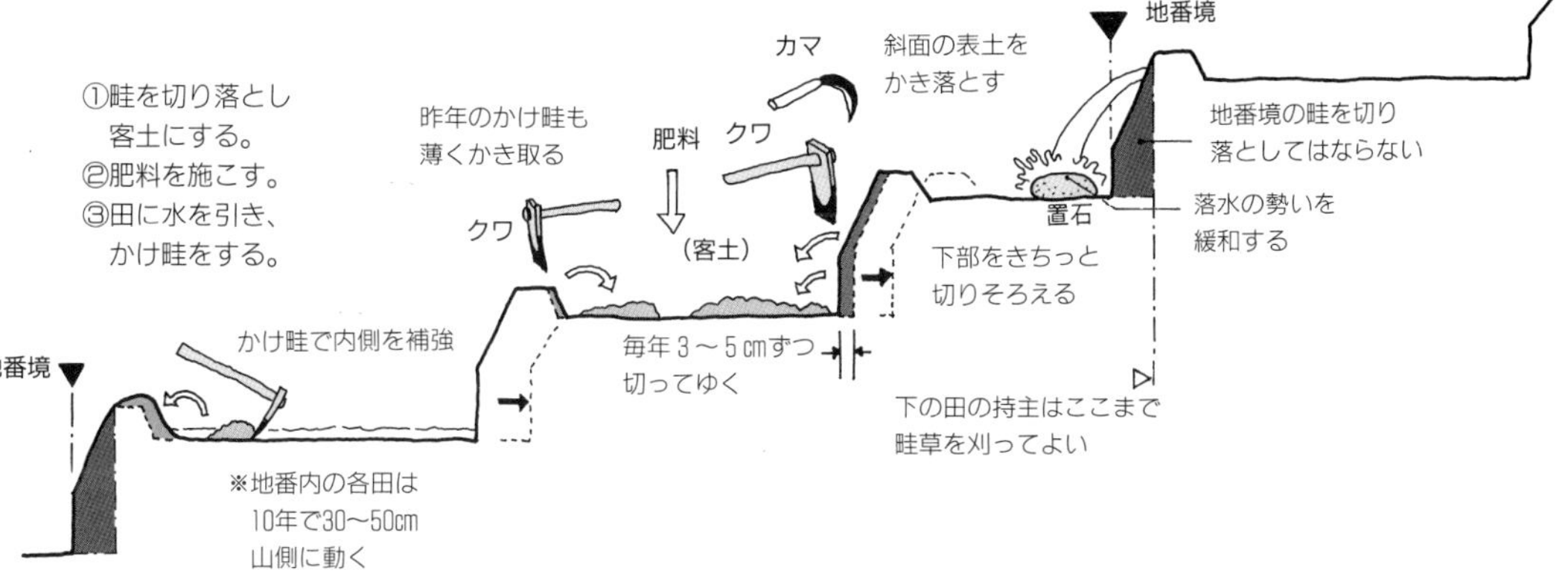
①畦を切り落とし
客土にする。
②肥料を施こす。
③田に水を引き、
かけ畦をする。
昨年のかけ畦も
薄くかき取る
肥料
クワ
カマ
斜面の表土を
かき落とす
地番境
地番境の畦を切り
落としてはならない
置石
落水の勢いを
緩和する
クワ
（客土）
下部をきちっと
切りそろえる
毎年３～５㎝ずつ
切ってゆく
下の田の持主はここまで
畦草を刈ってよい
地番境
かけ畦で内側を補強
※地番内の各田は
10年で30～50㎝
山側に動く

三つの地番で苦戦している田形の例

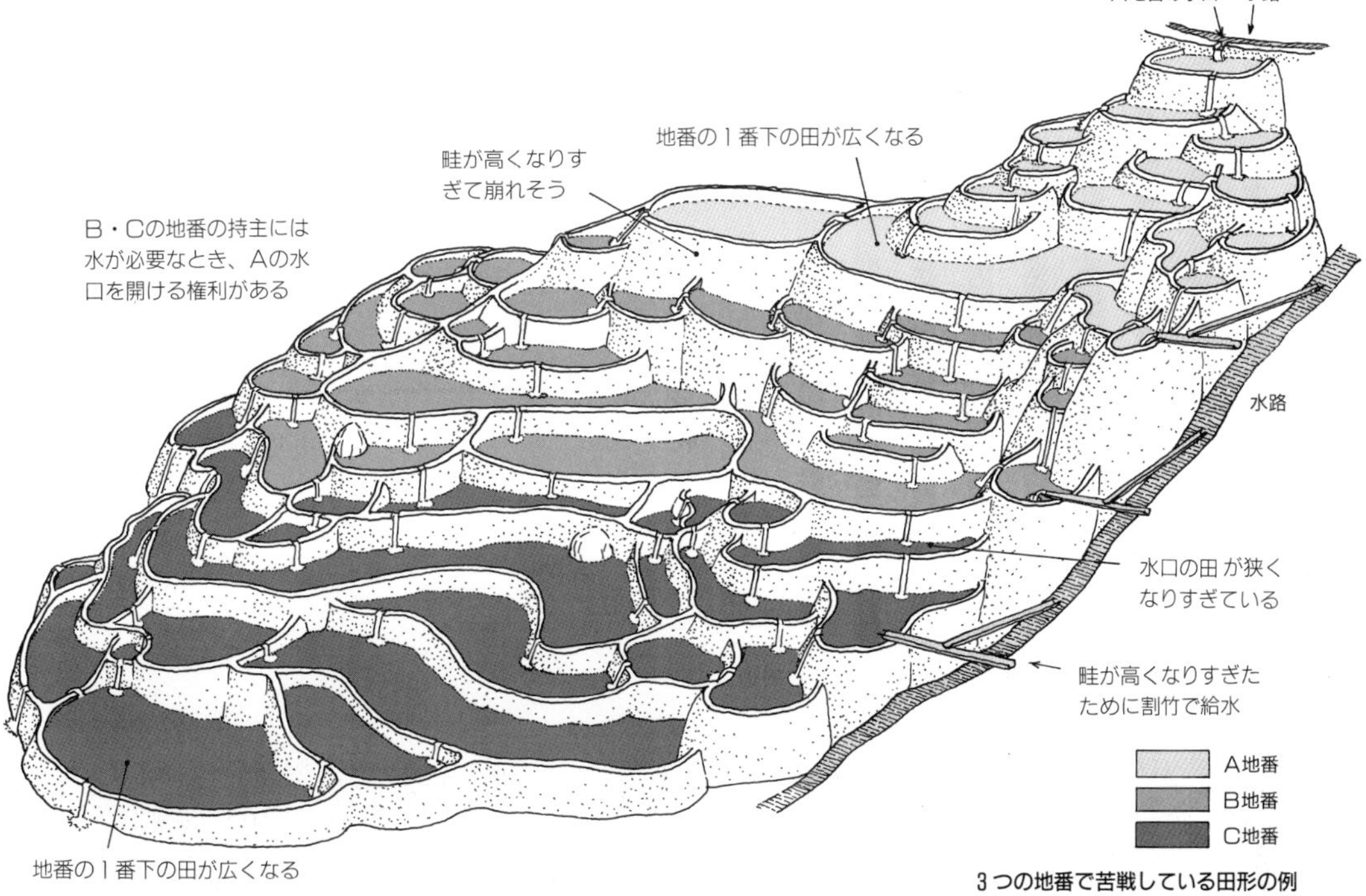
A地番の水口
水路
地番の１番下の田が広くなる
畦が高くなりす
ぎて崩れそう
B・Cの地番の持主には
水が必要なとき、Aの水
口を開ける権利がある
水路
水口の田 が狭く
なりすぎている
畦が高くなりすぎた
ために割竹で給水
A地番
B地番
C地番
地番の１番下の田が広くなる

3つの地番で苦戦している田形の例

・塩田の工事延べ人工　一五〇〇人
・計　約九八〇〇人

■■井堰ができた以後の棚田づくりにかかった労力

二つの井堰が造成され、たくさんの水を得て拓かれた棚田群の特徴は、勾配が急であり、海抜の高いところにあること、加えて以前に拓かれていた棚田の周辺の畑を水田に変えたこと、谷山川沿いへ下る日当たりの悪い傾斜地にも開拓の手が広げられたことである。米が少しでも多くほしい時代、水が及ばぬところは畑として拓き、次第に水を引くことができるようになれば畠直しをして少しずつ開田し、現在の姿に近づいてきたのであろう。

井堰以後の姿を集計してみる。

・水路の総延長　約三九六一メートル
・棚田の総面積　約四・二ヘクタール（約四町二反）
・畠直し分　約〇・六ヘクタール（約六反）

本村の西側、用水開削後の畠直し（二〇%）約〇・六ヘクタールを開田面積に加えると、総数は約四・八ヘクタール（四町八反）になる。

この作業人工は、先の工事と同様に反当たり二六三・九人を当てる。また井堰工事を含めた水路工事は一間当たり二人とする。

・水路工事の延べ人工　四三〇〇人
・棚田と畠直し分の工事延べ人工　一万二七〇〇人
・計　約一万七〇〇〇人

なお村道や耕作用の畦道などは耕地面積に含め、紀和町丸山と同様に、測量・設計および工事協議人工、工具、損料などや景観の要素である民家、社寺、墓、石祠などの建造費、周辺の有用木の植林費は除外してある。

■■畑と宅地の造成にかかった労力

ここまで計算し、紀和町丸山と比較したところ、取り漏れがあることに気付いた。それは集落の宅地と畑の面積である。

・畑　約八・八ヘクタール（八町八反）
・宅地および村社　約〇・九六ヘクタール

宅地などの造成は水田並みと考えて、反当たり二六三・九人を当てる。白米の畑は傾斜地が多く、水田並みの造成人工では高すぎる。畑地の水田の七割の一八五人を当ててみる。

国道と交叉して海に向かっているのが大用水

白米の家並み（六軒地）

開拓は用水以前も以後もあったと考えられる。また集落の移動と変化も検討せねばならないが、結論が出せないため、時期を定めずに計上してみる。畑と宅地・村社、それぞれの造成人工数は次のようになる。

・畑　一万六〇〇〇人
・宅地および村社　二五〇〇人

■■土坡の棚田の総人工は四万五三〇〇人

井堰ができる以前と以後の棚田造成にかかったそれぞれの労力と畑や宅地造成にかかった労力が算出できたから総計してみよう。

まず棚田の造成手間であるが、井堰以前が、延べ九八〇〇人工、井堰以後は延べ一万七〇〇〇人工、合計二万六八〇〇人工が、この棚田の景観造成に使われた人手である。さらに宅地と畑の造成工事に要した一万八五〇〇人工を加えると、総合計は四万五三〇〇人工となる。この数値は丸山の場合の約半数である。

丸山では近世初期に年間三〇〇人余りを石垣の棚田一反当たりの開拓に当てている。当時の丸山の戸数、人口は、元禄三（一六九〇）年で二二戸、七五人と史料にある。一戸当たり平均三・四人である。一方、輪島白米の寛永二〇（一六四三）年の宗門人別帳による戸数は九戸、四五人で、一戸当たりの家族数は三〜九人と幅広いが、平均すると五人である。✦1造成にかけられる年間稼働人員を丸山の六割程度とみると、✦2年間一八〇人が限界であろう。一反当たりの開発に二六三・九人工必要と考えると、一反歩（約三〇〇坪）拓くのに、約一年五カ月ほどの期間を要したと思われる。

これらのことから棚田の景観づくりに要した年数を推定してみると、次のようになる。

・井堰以前の水田工事　約五五年
・井堰以後の水田工事　約九五年
・畑と宅地・村社の工事　約一〇二年

概算であるが、推定工期の合計は二五二年となった。ただし、これは村人のみによる工事と仮定しての計算である。おそらくは多数の近隣の村人の助力があったにちがいない。このため実際の工期はもっと短かったはずであるが、それにしても村に定住し、安定するためには、ずいぶんな手間と工期が必要だったことがわかる。

仮に寛永七（一六三〇）年頃、二つの用水の工事が完成したとして、総合計四万五三〇〇

✦1
丸山を一戸当たり平均三・四人とした根拠となる史料の原典は、「奥熊野御蔵領大指帳扣」（前家文書）である。『紀和町史』によると、この史料には戸数、人口などの内訳がないらしく、人数は成人労働者数であるらしい。一方、一戸当たり平均五人とした白米の寛永二〇年の史料は宗門人別帳であるので、子どもも含んだ家族総数である。子どもの分を差し引くと、一戸当たりの成人労働者数は丸山に近くなっていくはずである。

✦2
丸山と白米の生業暦を見比べてみるとわかることだが（五七、一二二頁）、白米は年間を通してびっしり作業が並んでいる。塩づくりのために塩木を山でとる、炭焼きをするといった冬場の仕事が白米の生業暦を隙間のないものにしていた。開拓に向けられる人数を計算上、丸山の六割としたのはそのためである。

人工ほどの工事を、九戸四五人程度の小さな白米村が完成させているのである。もっとも今から三七〇年余り以前に用水が完成し、それ以後も徐々に耕地面積を延ばしていったのであろうが。

この事実と経過を示す資料は村にはない。また、村人に伝承としても伝わっていない。しかし、現実として、白米の景観には巨大な存在として井堰も用水も千枚田も残っているのである。

■■白米の棚田の総工費は約九億六〇〇万円

仮にこの造成工事を一時期に全部行った場合、現在の工事費でいくらになるかを算定してみる。紀和町丸山と同様に、『建設物価』の石川県の欄の単価を活用する。特殊作業員は日当二万三〇〇〇円、普通作業員は一万八一〇〇円となっている。手間の半数を占める宅地、井堰やそれ以降の水田などは急傾斜地にあるため、単価の平均日当、約二万円を当ててみる。すると、概算で総造成人工は四万五三〇〇人だから、約九億六〇〇万円ほどかかることになる。

■■土坡の加工を考えると総工費は三倍

まったく周囲に石のない土坡の棚田の白米での農作業は、石垣の棚田地帯の米づくりと比べると、特異かもしれない。土質は珪藻土の粘土で、ロームに近い地滑り地帯である。造成工費は安価だが、毎年行わなければならない施肥の量、その作業量はほかに比べ過大であろう。

また、春先に行う土坡の「中切、二番きり、あらくれ」という畦の切り盛り加工は、石垣の棚田にはない作業である。

資料によると、この畦の加工手間は反当たり六人工かかる。白米は六町八反あるので、年間四〇八人工ほどかけていることになる。寛永期にこの面積があったと仮定すると、三七〇年後の現在までにかけた総手間数は一五万九六〇人工となる。ちなみにこの手間に作業員労賃約一万三〇〇〇円をかけると一九億円を超えてしまう。この手間と造成費を合計すると約二八億円。この金額は丸山を超えていたのである。

白米は地滑り地帯のため地番境の畦には土止めの杭が打たれている。

第4章

棚田は
時代の積み重なり

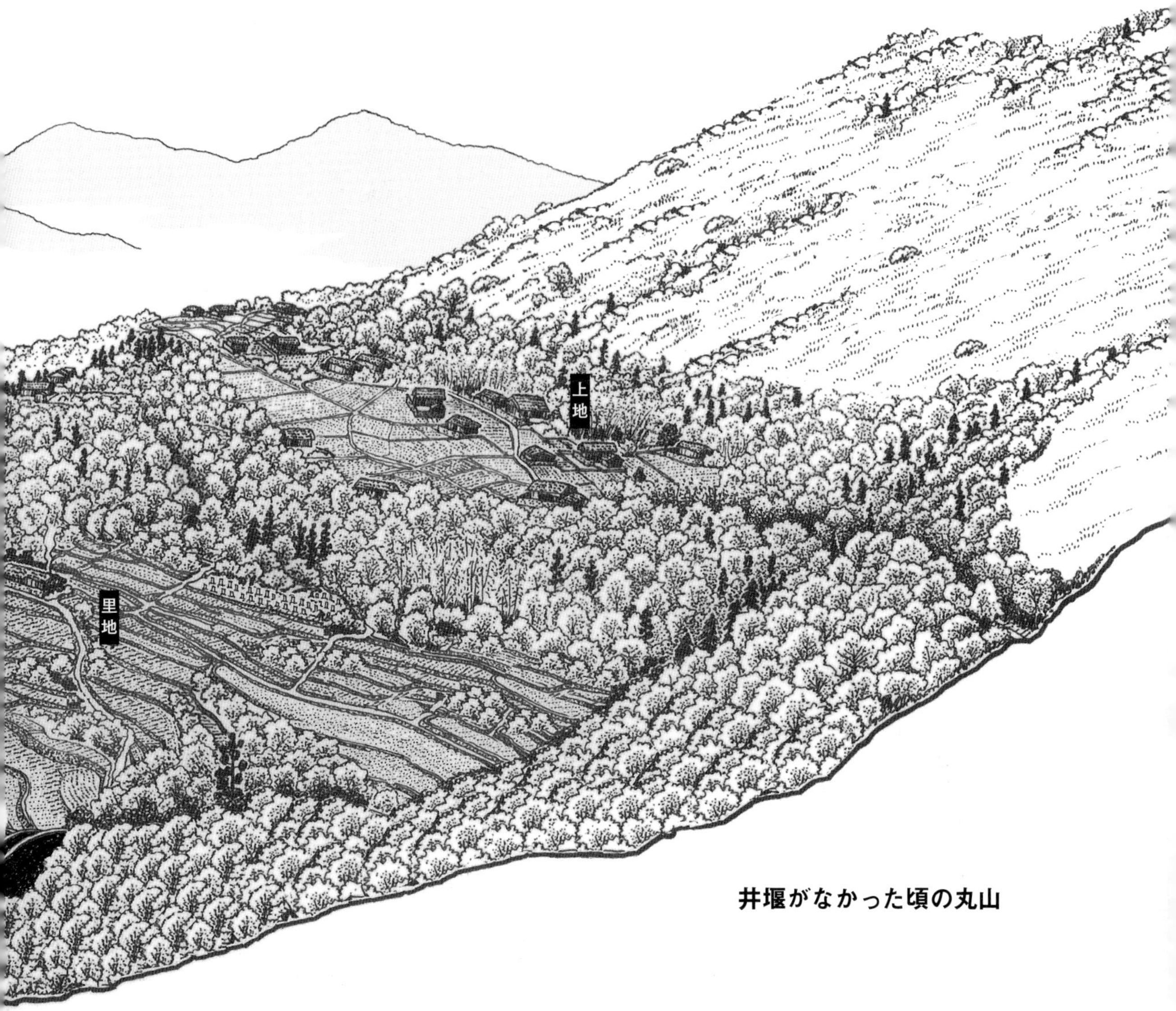

井堰がなかった頃の丸山

井堰ができた後の丸山

井堰のなかった中世後期の丸山の景観を復原してみた。集落の中心は畑ばかりの「上地」にあり、まだ「里地」には数戸が移動したにすぎない。黒く塗りつぶした部分がたんぼである。当時は宮の谷の水源が主力であったため、海抜250メートル以下に水通し田を配した畦こしの棚田群が展開し、これらの水は下部の「野仲」の湿田へ流入していただろう。

棚田群の間に畑を描いたのは、水量不足、もしくは切り替え（休耕地）をイメージしている。畑や近くの山の焼畑は自然の斜地のままであり、石垣があっても背の低いものであっただろう。現在のような石垣雛壇の集落になるのはずっと後の時代、黒鍬などの鉄製農具が普及してからだった。

井堰がなかった頃の白米

井堰ができた後の白米

井堰のなかった中世後期頃の白米の生業は農耕より塩づくりを主にしていたと考えられる。海を見つめる共同墓地からは、結びつきの強い協働体制の塩づくりの村の姿が浮かんでくる。このため、早くから分業が成立していて、塩木伐り、製塩、運船、農耕などが行われていたのだろう。山地の木々は塩を焚くための塩木利用を目的としていて、稲作は湧水のある湿田から下と海抜170メートル前後にある湧水地を中心とした数少ないものであったと想像できる。

集落の中心は海辺の「古屋」であり、後にできる「本村」と呼ばれる地帯は造成が行われておらず、丘に1戸草屋を配して、畑地を広くとってみた。

塩づくりのできない冬の季節には海辺の仕事がなくなるので、白米の草創期には冬の間は他地へ居を移していたかもしれない。

これまで述べてきたように、三重県紀和町丸山と石川県輪島市白米の二つの棚田の村を調べていくと、数次にわたる開拓が行われ、各所に開拓技術を示すものが残っていて、それらが何百年もの間、活用され続けてきたことがわかる。今日の私たちの暮らしを支える工業製品の大半が、新製品を最良のものとし、古いものの多くは再生の可能性があっても、そのまま捨てられていくのとは対照的に、雑巾のように継ぎ合わせながら使い続けられてきた棚田に、私たちは改めて不思議な魅力と興味を感じ始めている。これらの棚田が、どのような段階を経て、今日に至ったのかを最後に整理しておこう。

■■開拓の第一段階

まず丸山と白米の章でそれぞれ試みた勾配分析を土地の利用別に比較してみると、次頁のグラフのようになった。グラフを見ると、一方は石垣、他方は土坡であっても二つの村に共通する勾配の傾向がありそうである。勾配の割合は、「一〇度あたり」と「一五〜二〇度あたり」の二カ所に集中している。

勾配が一〇度あたりまでの場所の特徴は、山の中腹であったり、背後に地下水の流れる傾斜地を控えた平地に見えるほどの場所で、湿地や沼地、地滑り地帯に近いところである。集落の上にも下にもこの勾配の土地はある。当然のことであるが、勾配が緩いほうが田の造成は楽であり、勾配が急になるほど造成は苦労する。

したがって、勾配一〇度前後までの、付近に水のある場所が、開拓が最初に行われた場所であろう。ここを拠点に水の流れる下方へ向かって棚田を拓いていったと想像できる。

●丸山の場合

棚田群の最下段にあり、字名でいうと、宮ノ下、大坪の下部や野仲の南端である。地中には泥炭が埋まっているという。[✦1] ここの勾配は一〇度以下であり、畦は石垣ではなく、土坡で、高さも低い。

●白米の場合

集落の下、一〇〇メートルほど離れたところに凹地があり、この一帯は勾配が緩い。小字名で「前田」と呼ばれる一帯であり、水の湧くたんぼである。棚田群のほぼ真ん中に位

✦1
現在ではたんぼの水を抜くと乾くたんぼであるため、調査時に見落としていたが、北富士夫氏に後日確認すると、昔は一年中水の抜けない湿田であったという。

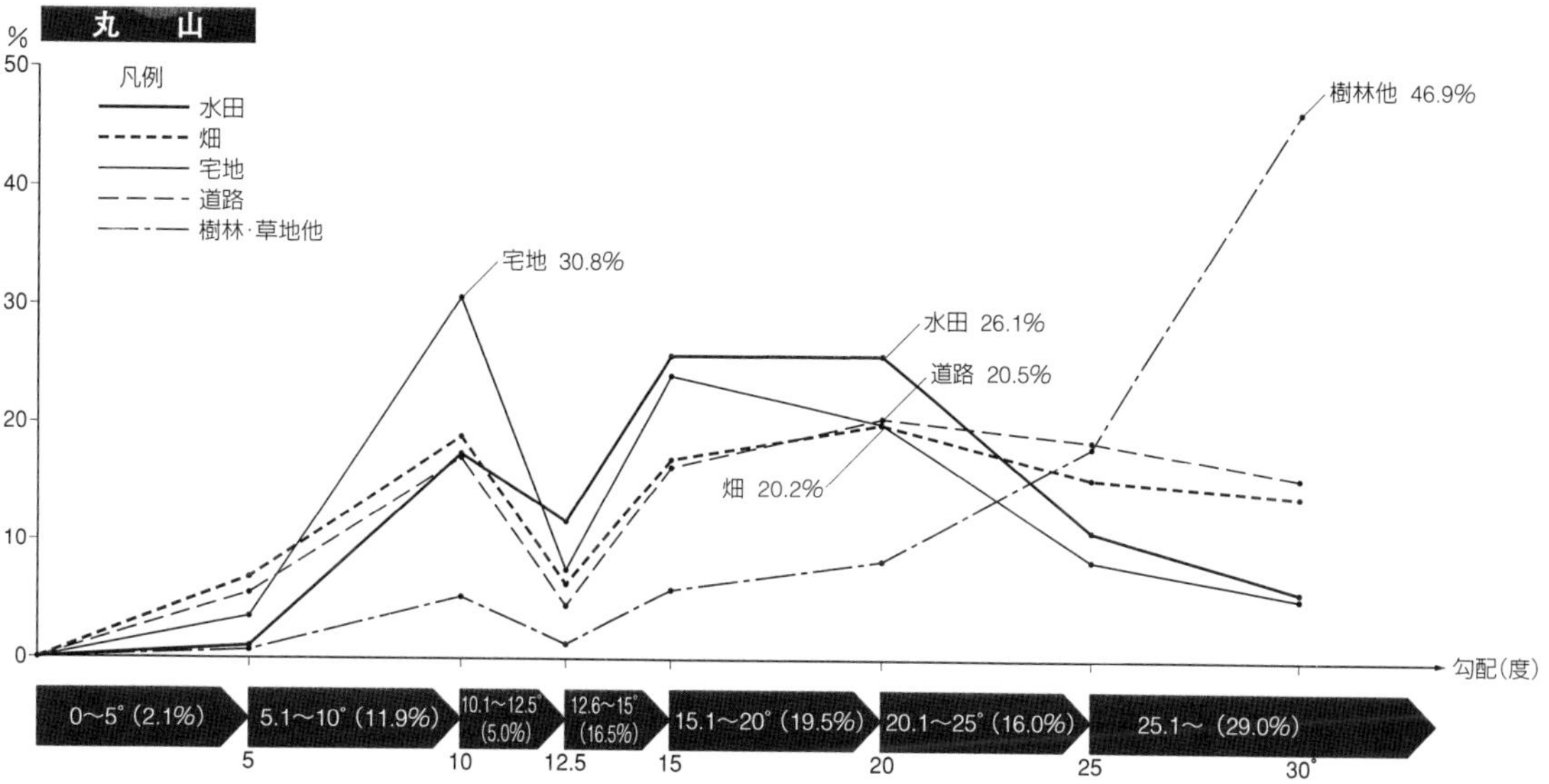

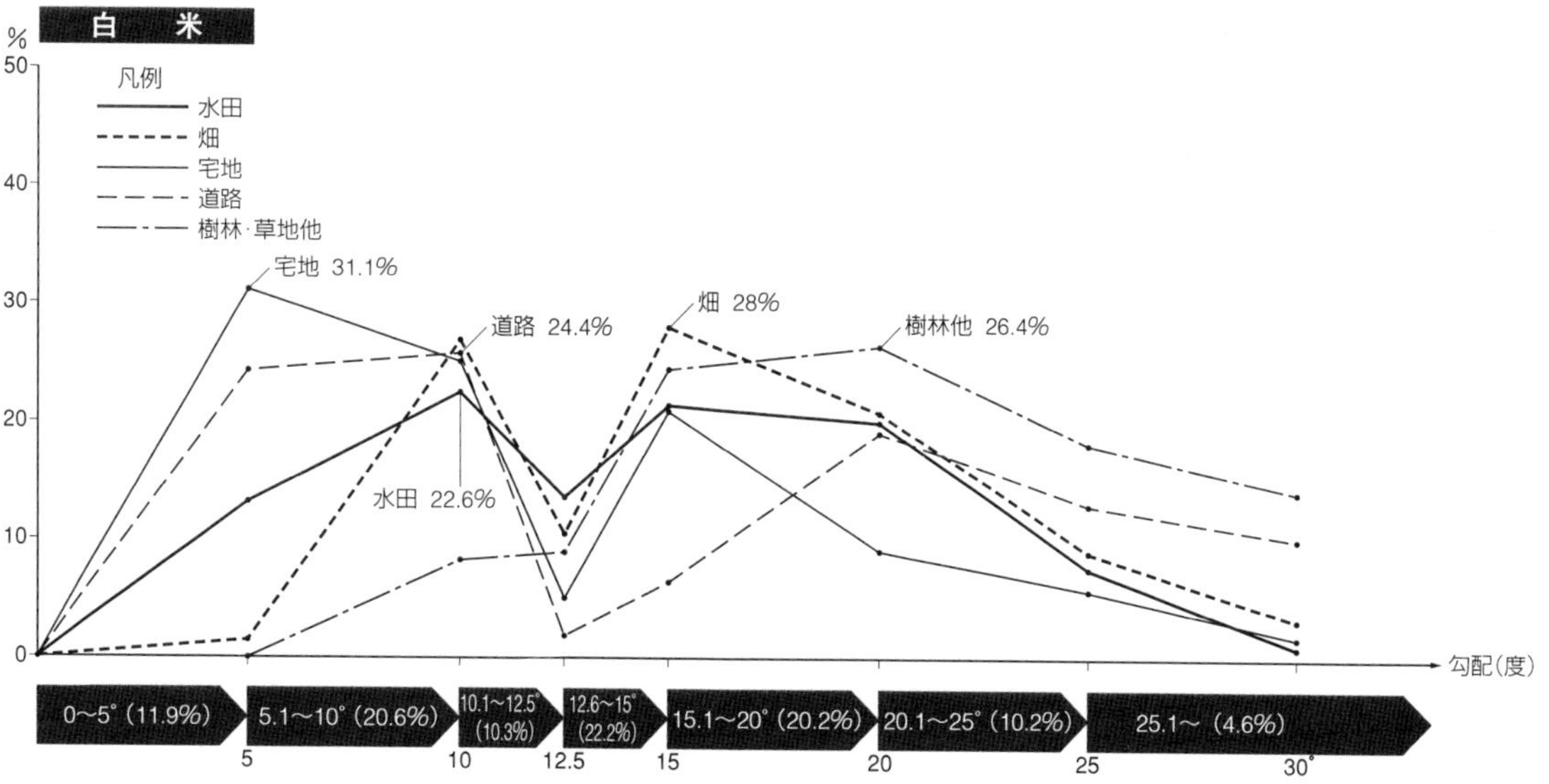

土地利用別にみた丸山と白米の耕地・宅地の勾配比率

自然のままの地形の勾配は緩急が自在に混じり合っている。正確にこれを知ろうとすれば測定精度を上げるしかない。丸山と白米の集落域を測量図を使って10メートル四方ごとに区切り、1コマごとに勾配を調べ、分布グラフをつくった。さらに分析したコマごとに土地の利用別に水田、畑、宅地、道路、樹林・草地の5種に分け、各勾配比率を求めたのが上のグラフである。

5種の勾配グラフは丸山、白米ともに12.5度あたりを谷にして、緩い勾配の土地と急な勾配の土地に分かれた。緩い勾配の土地には湿田があり、また水通し田もある。急な勾配の土地にあるたんぼは井堰と水路を利用している。緩い勾配の土地は中世に拓かれ、急な勾配の土地は近世初期以降に拓かれたものだろう。

置し、海抜五〇メートル前後の場所にある。円形をした田が中央にあり、同心円状に曲面をもった田が周囲を囲んでいる。

■■開拓の第二段階

開拓の第二段階は、水が湧く別の場所を発見し、棚田を拡張していく段階である。小さな水流があれば、水源を発見し、水を溜め、周辺に田を拓いていった。第一段階のたんぼの地帯とは、水量の関係で初めは別々だった可能性がある。生活用水にも使われていることが特徴である。長い年月をかけ、少しずつ棚田を拓いていったのだろう。それを裏付けるように、集水方法もいろいろである。

●丸山の場合

滲み出し井、湧き井戸、溜池など二〇数カ所の多様な水源の発見があり、その水源の下流に田を拓いた時期である。丸山川の神社近くの湧水のように、後にトンネルを掘り、横井戸に改良されたと思われるものもある。

これらの散在する水源は、各々に所有者がいるため、個別の家ごとに棚田が開拓されたと思われるが、丸山川の水源は村有である。家を単位にした開拓と、村共同の開拓があったらしい。丸山神社近くの水源は、水路の役目を兼ねる「水通し田」を活用し、広範囲に通水している。場所を小字名でいえば、大坪、宮ノ谷、石敷である。石敷には、村人共同でつくった寺田があり、「宮ノ谷」と宮の付く地名もある。古くは氏神をともにする村人共同で開拓され、一部分を寺田、宮田などに分け、村の神事に使われる米をつくった場所だったのかもしれない。

上地は大半が畑地であり、街道が交叉していて、本家筋に当たる家も多いことから、村の草創は上地から始まったと推定できる。その後、次第に棚田が里地で開拓され、次第に面積が増大すると、住居を里地や棚田の中心に移す家も出てきたのであろう。

●白米の場合

白米には前田以外に水の湧く、あるいは小流がある場所が三カ所ある。一つ目は現在の本村のある土地で、洗い場の崖下に滲み出す湧水、二つ目は集落の上の畑地の端の湧水、三つ目は枝村の六軒地と日吉神社脇を流れる神ノ木河原の小川である。この下流に宮田が

左頁／田植え（輪島市白米）

つくられているので、古くは、この流域の棚田はすべて神事用のたんぼであったかと思われる。

白米は塩づくりの村として中世から組織されており、村人の共同による労働体制は村づくりの早期からあったと思われるので、三つの水源による棚田の開拓時期と前田の第一段階の開拓時期は、同時代であったとも考えられる。

本村の立地する土地には現在、雛壇が二段あり、上下に家々が並んでいる。切り土をした造成地であることは、家の背後の崖を見るとよくわかる。かつては勾配二五度以上の急傾斜地だったのである。

白米の集落は海岸の古屋から現在地へ上り移ったという伝承があることは前章で述べたが、この第二段階は、集落が海辺にあった古屋の時代と想定している。この段階で海岸段丘の斜面にある棚田もしくは畑の総面積は二町歩あまり、高さでいえば一九階上るほどの高度まで耕地が分布していたことになる。今日、海岸からの耕地の高さは五五階建ての超高層ビルの高さに匹敵するが、塩づくりを主業とした時代、移動を考えても古屋を拠点と

した集落であったと想定することには合理性があろう。

■■開拓の第三段階

井堰の技術の導入と造成工事により、海抜の高いところにある土地にも配水できるようになるのが、開拓の第三段階の時期である。

第二段階までの開田地は、勾配が一〇度ほどまでの湧水地の近辺である。造成、開田は楽であったが、開田面積に限界があった。周辺の土地を拓き、あるいは畠直しをして、可能な限り田にするには水が不足していたはずである。

井堰の導入期には勾配二五度近くまでの急傾斜地を造成している。近世初頭は、黒鍬という造成用の鍬が大量に普及した時代であり、さらには鉱山技術が金銀山に導入された時代なので、この時代に測量が必要な井堰と水路ができ、多量の水を得て、棚田群も飛躍的に拡大したであろうと、私たちは想定している。

この工事は大規模であり、専門家を必要とし、事前に測量や人員配置、資材の調達などが計画的に行われなければ不可能であったはずである。村にもそれに対応できる組織と、資金、指導者が必要であった。増える村の人口に対応して、村づくりの将来計画をもつまでに成長していなくてはならない時代となっていた。周辺の村々で同様な井堰づくり、溜池工事などが行われたことが、史料に出てくる段階である。

●丸山の場合

四つの井堰が拓かれ、水路が導かれていく田は、勾配一五～二〇度という急傾斜の棚田地帯である。石垣の高さもずいぶんある。この一帯に給水された水は、いったん丸山川に落とされ、下流でたくさんの小堰によって再補給され、宮ノ谷、大坪、野仲の棚田へ回されている。第二段階の時代に各種水源を得て開田された棚田が水路で結ばれ、水不足の宮ノ谷以下の棚田群へ給水され、さらに沢づたいの下の棚田用に配水されるようになるのは、この時代以後のことである。

数ある史料が別の沢である板谷や泉谷などに新田が拓かれたことを伝えているので、主要地である里地の下の棚田群は、この時代拓きつくされていたと考えられるのである。

●白米の場合

白米では二つの用水である丸山用水とサソラ用水がつくられている。白米の井堰の工事の史料は未発見であるが、『輪島市史』によると、周辺の村々も同様な工事を行っていて、前章で述べたように、この工事は金沢城に通水するための辰巳用水工事の指揮者であった下村（板屋）兵四郎によって行われたとの伝聞が伝わっているから、二つの用水が引かれたのも近世初期であろう。

谷山川の沢の台地はこの用水を唯一の水源とするため、この時期、この地帯は一気に開拓されたと思われる。白米の近世初期の石高検地帳を見ると、畠直し、荒（休耕地、焼畑など）という用語が細かにあるので、第二段階までに拓かれた田の周辺の畑を水田に変える造成工事も同時期に行われたのであろう。

それによって不足となった畑地用に集落の上にある傾斜地が新たに開拓され、さらに拡大されたはずである。この時代、輪島素麺が名物になり始め、港で盛んに売買されていたが、原料の小麦は白米の村の畑でもつくり始められていたことだろう。

稲刈り（輪島市白米）

■開拓の第四段階

開拓の第四段階は明治、大正の時代である。明治初期に三三〇〇万人であった日本の人口は、年率一%の割合で増え続けていくが、この時代、増加する人口への対策として国家的な農業改良と米の大増産が行われる。西日本における二期作の奨励や、東北、北海道など寒冷地向けの早生種の開発もその一つであった。その結果、近世後期には反当たり四俵前後と思われる丸山や白米の村の収量は、反当たり五、六俵と増え、さらなる田地拡大が行われるが、対象となる土地は限られていた。丸山で棚田が最大となるのは終戦直後であり、白米はすでに近世末には限界に近づいていた。

昭和の初め頃から農薬や化学肥料、動力を使用するようになるが、それが普及するのは昭和の高度成長期あたりになってからである。普及を後押ししたのは、皮肉にも不足する農業人口のためだった。不足を満たすための新技術の導入はこの段階で止まったが、原因は人口の増加ではなく、食料自給率の下落であり、食料輸入大国となった時代の合理化のための減速であった。

■時代が積み重なった文化財

開拓の各段階を追っていくと、それぞれの段階で、村の暮らしに、ある不足が生じ始め、そこに新しい水利や造成、あるいは新しい農具や民具を使う技術が導入され、多くの努力の結果、村の資源へと結実し、さらに展開していく様子が見えてくる。この繰り返し行われた技術大系の文化が、村の景観の中に生きて結ばれ、今もそこにあることが発見できた。

この時代ごとの技術は、ある部分は時代によって改良され、ある部分は残され、それらが組み合わされて現代に至るので、そこでの景観は重層的な構造を持っていることになる。私たちは村々が地域ごとに異なる限りある自然を持続的に活用し、再生してきた技術の歴史を棚田を通して眺めていたのである。

丸山と白米の二つの棚田の村の復原から証明できることは、井堰と水路の開拓が近世初期に全国的に普及し、田畑が新規に追加整理、開拓されたと判断できることである。しかも井堰以前の棚田は中世に限りなく近づいていくことになる。このことは棚田が国の文化財としても重要なものであることを示している。建造物の民家は近世中期に建設されたことが判明すれば、それだけで重要文化財の価値を有する時代だからである。

二つの村の棚田を復原してみると、確かに近世初期には、現在の原形となる井堰の技術が使われた景観が成立していて、しかもその中には湿地のたんぼ、水通し田、前田など、それ以前の利水技術が複層的に組み込まれている。この二つの村の景観は、庶民の文化財として、もっとも古い時代の価値を有していることになる。

今、棚田は観光ブームの一つになり、棚田百選などが紹介されているが、これらの棚田の村のほとんどではいまだに復原、分析といった調査は行われていないので、各棚田の特徴がわからない。私たちが調査した二つの村、丸山と白米がどのような価値をもつものになるかは、さまざまな棚田の村の特徴が明らかになる今後の研究解析を待つことになるだろうが、近世とそれ以前の香りを濃厚に、複層的に漂わせていることだけは確かである。

私たち数名による限られた期間での二つの棚田の調査からでも、これだけの価値が浮かんでくる。さらに多くの棚田の調査を行えば、文化財としての新しい特徴と価値がもっと発見できることになるだろう。その価値がわかれば、棚田の村の事例ごとに、それぞれの棚田に適した保存方法や、新しいタイプの利活用計画がつくれるはずである。農山漁村の体験のない現代の子どもや若者に、その特徴と価値を伝えてこそ、棚田は未来に生き延びると思うのである。

あとがき

本書のもとになったのは、季刊誌『ソーラーキャット』の「棚田の景観は何を語るか」(SOLAR CAT no.39　二〇〇二年夏号　OMソーラー協会発行)である。この雑誌では三重県紀和町丸山と石川県輪島市白米の二つの棚田の景観を解剖したが、それを大幅に縫い直したのが本書である。

編集者である真鍋 弘氏の当初の依頼は、棚田の村を調べ、これらに含浸している日本の自然、環境、生活文化の特徴などをまとめてほしいという難しいものであった。調査する私たちは設計活動も行っていて、町づくりや文化財保存に詳しいと見込んでの依頼であったのだと思う。この申し出は、私たちにとって対象となる「棚田の村」の景観をこの機会に解剖できることが魅力となっていたため、つい了解してしまった。

これが私たちにとって誤算の始まりであった。

まず調査する村をどこにするか迷った。棚田の村は少なくなったといっても全国にまだたくさんあるからである。ようやく丸山と白米の二つの村に絞って、調査に着手してみると、村づくりを示す古文書は極めて少なかった。そのため作業途中での立ち往生や試行錯誤はたびたびであった。調べたいことは、村の風景がどのように開拓されて現在に至ったか、その要件を一つひとつ探して開拓の行程を復原することである。つまり作業内容は、景観の要素を分解し、それらを構成するさまざまな部品が何であるかを調べ、さらに景観をつくった動機なども探してみたのである。

しかし始めた当初は、この整理と分析の作業が、次々と拡大する際限のないものであることには気付いていなかった。作業は村の利水系統を追うことであり、棚田のある風景が開拓され完成するまでに、どのくらいの人手と経費、年月がかかったかを計算分析する、あるいは人手の調達や家族の仕事や生産歴はどのような展開をしたか、さらには棚田の開拓技術の導入経過はどのようなものだったかなど、次々と続いた。

調査の結論は、棚田の村の景観がどのようにしてできあがったのかを簡潔に報告することである。しかし簡単に日本は平地が少ないからと答えていては本にはならない。村ごとにたくさんの問題をかかえながらも定住して村を形成し、今に残る棚田のある村に村人は仕立て上げた。その原動力を百姓の伝統の技として浮上させたかった。

村に入り調べていくと、村の生業は棚田だけが主力ではなく、ほかにもたくさんあって、村人の家業も多岐にわたっていた。山地にあれば山に生きる棚田の村、海辺にあれば海辺の村となる所以《ゆえん》である。だから二つの村の報告であっても、この多彩な出来事を追うことは、日本の村の成立と展開について、二つの村が代表となって報告することに似ていて、短期の仕事としては荷が重く、雑誌の段階では棚田の村の景観の解剖結果を報告するにとどまった。このとき米安 晟先生のご教示は大きな支えになった。そして、これも私たちの誤算であったが、村の家業の特徴や類形となる周辺の村の生活史などについて、たくさんの未報告部分を残した。このことが原因となり、補足に長い時間をかけることになった。

本書の刊行に至るまで村人は変わることなく協力的であり、市も町も支援を惜しまず、発見された史・資料を提供してくれた。さらにありがたいことは、周辺も含めて参考となる優れた市町村史がたくさん刊行されていたことである。現在、二つの村は高齢者の住む村となっていて、若者はいない。丸山の北富士夫さんや白米の川口清文さんのトツトツと語る現状や今後の活動を聞いたことから、私たちは棚田の村の過去から現在までを調べるだけではなく、未来を考えることにもなっていったのである。

ここまでの報告は研究会のメンバーの分担であるが、原稿、写真、図版などは編集者へと引き継がれる。思い込みが強い原稿は直され、用字用語の整理、不足する説明、写真などが追加され、デザイナーによるレイアウトとブックデザインが行われ、やっと印刷、刊行となる。こうして本書は、たくさんの人に支えられ、まとめることができた。ご教示を受けたことについては文中に記したが、これがすべてではない。何一つ欠けても本書は成立しなかったことを確認する意味もあり、次頁に本プロジェクトの経過を明らかにし、謝意の心とした。

田村善次郎
真島俊一

二〇〇三年三月

●協力者

米安晟先生(東京農業大学名誉教授)

私たちの素朴な質問に対し、資料を示し解説していただいた。稲の特性、農業改良の歴史、農薬の使い分け、肥料や耕地、天候問題、現代農業の諸問題など多岐にわたる。米安先生の教えがなければ、農業の基本や棚田の村の分析は不可能だったといえる。

北富士夫氏(丸山千枚田保存会元会長)、同夫人

北氏は熊野林業に生き、村に戻ってからは千枚田復田、さらには保存・活用に道を開いた。同氏による丸山の村の案内や説明がなければ、丸山の棚田の特質は解明できなかった。そして村の今後について、棚田の保存・活用、高齢者問題について、教えられることがたくさんあった。

川口清文氏(平成12年度白米村区長)、同夫人

川口氏は区長になった頃、職を退き村に戻っていた。子供の頃、遊んだ村の中や井堰、水路などをくまなく案内してくれた。白米は土坡の棚田の村で土の扱い方に独特な方法があり、肥料の種類も草葉や海草と多様であり、土坡を生かし続ける工夫を聞くことができた。

その他の協力者

紀和町丸山関連／立島寿一氏(紀和町役場助役)、浜中直人氏(紀和町役場産業課)、総務課中西氏ほか役場の人たち、田中寿一氏(紀和町教育委員会課長)、同資料館の皆さん、東益男氏(丸山区長)、小西宏氏(丸山千枚田保存会会長)、丸山集落の皆さん、西ノ木たつを夫人(西山地区)、大塚恵八郎氏(西山地区)

輪島市白米関連／田中義則氏、砂上正夫氏(輪島市教育委員会)、輪島市町野町資料館の皆さん、日裏幸作氏、同夫人(白米地区)、白米集落の皆さん、高田秀樹氏(能都町)、桐本泰一氏(輪島市)

●参考文献

古島敏雄「土地に刻まれた歴史」岩波新書、日本生活学会編「生活学事典」TBSブリタニカ刊、佐々木高明「日本史誕生」集英社刊、中島峰広「日本の棚田」古今書院、宮本常一「開拓の歴史」(日本民衆史1)未来社、熊野市史(上、中、下)、紀和町史、輪島市史、柳田村史、能都町史

●調査の概要

本書をつくるうえでもとになったフィールド調査と分析、および執筆、図版制作は、「国土開発史研究会」のメンバーによって行われた。この研究会は民俗学者宮本常一の研究テーマであった「庶民による国土開発の歴史の研究」を継承したものである。

研究会メンバー／田村善次郎(武蔵野美術大学教授)、真島俊一(TEM研究所)、鬼頭宏(上智大学教授)、宮坂卓也(TEM研究所)、紺野重孝(TEM研究所)、真島麗子(TEM研究所)

執筆／田村善次郎・第1章、真島俊一・第2、3、4章、真島麗子・第2、3章

調査、分析、作図、写真／真島俊一、宮坂卓也、紺野重孝、真島麗子

図版制作協力／田島理乃、日崎可南子、矢野時子

調査研究の工程／

2000年2月　企画協議、調査準備開始

同年3月17日～22日　白米→丸山調査(6日間)

同年5月17日～24日　丸山→白米調査(8日間)

同年2月～8月　整理分析、協議、作図

同年9月15日　季刊『ソーラーキャット』39号掲載(特集「棚田の景観は何を語るか」)

2001年6月29日、8月5日　棚田学会で調査報告

2002年3月～本書執筆開始、補足の資料収集、追加分析、追加聞き取り

●図版・写真提供者

楠本弘児(表紙、13、23、24頁、50頁右)、城下誠士(20、131、159、161頁)、青柳健二(70、88頁)、米山淳一(12頁)、薗部澄(17頁)、真鍋弘(59、74頁)、国土交通省国土地理院、協力／ふるさときゃらばん、日本カメラ財団文化部薗部資料室。その他の図版、写真はすべてTEM研究所による。

編集――真鍋弘十柴田希美絵◎ライフフィールド研究所

ブックデザイン――堀渕伸治◎tee graphics

百の知恵双書

001

棚田の謎

千枚田はどうしてできたのか

田村善次郎

TEM研究所

田村善次郎（たむら・ぜんじろう）

一九三四年、福岡県生まれ。武蔵野美術大学造形学部教授。
専門は文化人類学、民俗学。
主な著書として『小絵馬——いのりとかたち』（淡交社）、『十二支の民俗誌』（八坂書房）、『ネパールの集落』（古今書院）などがある。

TEM研究所

英語の頭文字、道具や技術のT、環境のE、人間のMをとり、TEM（テム）研究所と呼ぶ。昭和四四（一九六九）年設立。
以来、T・E・Mの要素を研究対象とした調査、報告を続けている。
また、この視点を生かした文化的振興、まちづくりや文化財保存・活用計画、設計・施工などを実践することで価値ある地域づくりの実現をめざしている。
住所〒一九一-〇〇二三　東京都日野市万願寺五-七-一　電話〇四二-五八七-七八〇〇
http://www.tem-jp.net
Email tem@md.point.ne.jp

2003年3月25日第1刷発行
2011年9月30日第2刷発行

著者—田村善次郎、TEM研究所

発行—社団法人農山漁村文化協会

〒107-8668 東京都港区赤坂 7-6-1

電話 03-3585-1141

ファックス 03-3589-1387

振替 00120-3-144478

http://www.ruralnet.or.jp/

編集・制作—有限会社ライフフィールド研究所

印刷・製本—株式会社東京印書館

ISBN978-4-540-002251-7

定価はカバーに表示。

乱丁・落丁本はお取り替えいたします。

百の知恵双書

001

たあとる通信

■no. 001

棚田と米と文化財

田村善次郎＋真島俊一

棚田と米と文化財

田村善次郎＋真島俊一

●――棚田の風景への共感

編集　真島さんたちが丸山と白米の棚田の調査を始めたのは、一九九九年の秋でした。調査後、棚田を見る目が変わりましたか。

真島　基本的には変わっていませんが、二つの棚田について説明できることがどんどん増えてきたことは確かです。棚田は棚田だけを単独に見ていてはわかりません。棚田が村全体にとってどういうふうに必要であったのかを理解しないと、棚田のことはわからない。例えば、周りに落葉林や竹林があるのはなぜか、その意味がわからないと、棚田を理解したことにはならないわけです。今となっては村の竹林は誰が植えたか忘れられているが、竹の再生力は見事で、食用やたくさんの民具の材料になる。棚田へ水を引く樋、稲のハザ木、ザル、ミノなどの農具になる。村の周りにある樹林に何一つ無用なものはないのです。こうした棚田の村全体の構造は、時間をかけないとなかなか見えてこない。

　村全体を見ていく一方で、技術的に部分を見ていくことも必要です。棚田はたくさんの部分の集積であるからです。丸山は石垣ですが、白米は土坡の畦です。そうすると、「石垣って、何だ」と思って調べる。白米の場合は、土ばかりでどうやってつくったのかと考える。もう一つ棚田を技術的に調べるうえで重要なこと

は、水をどう使っているかということです。それも調べる。

そうやって次々に調べていくと、どうやら棚田というのは一気にできたものではなくて、少しずつ土地の条件に合わせて、可能な限り時代の技術でつくり続けてきた。その重なりを今、僕たちは見ているのだということがわかってきます。

田村　真島さんは技術者だから、そういう話になるのでしょうが、僕などはもっと単純に、ひと昔前のたんぼや村の風景に出会うと、ホッとするような感じ、懐かしいということともちがう、何か暖かさみたいなものを感じるわけです。そういう感じを多くの人が受け取るのだと思います。そういうものが懐かしい自然の風景だと思われているわけです。

しかし、それは自然の風景ではないですね。宮本常一先生が、かつて「日本の詩情」という記録映画をつくられたときに、その最初のタイトルのところで「自然は寂しい。しかし人の手が加わると、暖かくなる。その暖かいものを求めて歩いてみよう」というナレーションを入れましたが、本当の自然の厳しさみたいなものを、実は僕らもすでに知らないわけですよ。

僕は若い頃に民俗学の調査でネパールにいたことがありますが、もう行けども行けども山の中を、上がったり下ったりして行くわけです。とにかく鬱蒼《うつそう》と繁ったジャングルがあったり、氷の岩山があったり、そういうところを越えて行く。ある峠を越えて行くと、下に村がある。人声がする。そうすると、何となしにホッとするんですよ。今の日本ではそういう厳しい自然の経験はもう皆無に等しいですね。しかし、棚田が癒し云々ということでいえば、今の多くの人たちも棚田に対してホッとする感じを感じているのではないかと思います。

編集　田村先生は、棚田がほったらかしになっていると非常に寂しいけれど、ちゃんと手入れがされているとホッとするというようなことを書いておられますね。本人にとっては大変な重労働なんだけれど、そうして手入れされた棚田を他人が見るとホッとするというのはどういうことなんでしょうね。

田村　僕は百姓の子どもでしたが、子ども時代に学校から帰ると、どこそこの畑に来いとか、どこそこのたんぼに来いと、上がりがまちに書き置きが置いてあるわけです。それで、嫌々ながら行って稲刈りなどを手伝う。特に秋の風景は印象的なんですが、たんぼから稲刈りをして帰ってくる。そうすると、山の端を夕焼けがバーッとあかね色に染めている。「あー、俺んとこの村は、こんなに美しかったのかな」と思うようなことが、何回もありましたよ。何の変哲もない田舎ですが、こんなに美しかったのかと思うことがありました。

真島　そういう美意識というか、感動するチャンネルは、今の子どもたちにも共通してあるように思いますね。

田村　それはあるのでしょうね。ただ、そういう整然としたたんぼの風景が、ずっと以前からあったわけではないだろうとは思いますね。僕らは棚田にしても、平場の広々としたたんぼにしても、一斉に田植えがされて、稲が常に、すべてのたんぼにつくられているというふうに思い込んでいるわけですよ。

真島　一斉に黄金色になってね。

田村　そうそう。ところが、最近の考古学の水田の花粉分析などの成果によると、稲の花粉がいっぱい出てくるところと、雑草の

花粉がいっぱい出てくるところとあって、同じ田地のたんぼでも、かなり切り替えをやっていたようですね。一面に、すべてのたんぼに稲が植えられて、切り替えが行われなくなるのは、近世になってからではないかということらしい。

真島　切り替えとは、どういう意味ですか。

田村　休耕するわけです。この頃の水田地帯がそうですね。たんぼが、ほかの作物に変わっているところもあるけれども、荒らしているところも多い。そういう荒れているところが、ポツンポツンとあったりすると、百姓の子どもの私としてはものすごく悲しくなるわけですよ。けれど、たんぼの風景として、そんなに遠くない時代まで、そうした風景があったのだろうということです。

●――一所懸命の棚田の拓かれ方

編集　それが、秋になると一面に穂が垂れるというような風景に変わったのは、やはり米の品種改良が大きいのですか。

田村　もちろんそれもあったでしょうし、水利開発も大きいでしょうね。先ほど真島さんがいっていた棚田の中に歴史があるということにつながるんだと思います。白米にしても、丸山にしても、千枚田といわれるようなかなり規模の大きい棚田は全部いっぺんにできたわけではないですから。やはり拓きやすい、水の得やすいところから始めて、ある時期にかなり集中的に労力を投入して、水利を整理して広げていったのでしょう。あまり細かく調べてはいないけれども、新潟の山古志はおもしろいところですね。

真島　あそこはすごい千枚田ですね。

田村　棚田ばっかりでね。水の湧くところは、山のいちばん上でなくて、ちょっと下がったところですね。そこに横穴を掘って、ちょろちょろ流れる水を小さい池をつくっていったん溜めてから下のたんぼに配る方法が多いようです。おそらく最初は横穴も何もなくて、水の湧くところに、少し何枚かつくっていったのだと思います。それを少しずつ増やしていったのでしょうね。

　昔話みたいになってしまいますけれど、僕の子どものときの記憶に、働き者の夫婦がいて、そういう山の谷戸のところを、少しずつ少しずつ拓いていくわけですよ。それは、村の共有地みたいなところですね。そういうところを簡単に均して畦をつくって、小さいたんぼをつくるわけです。一年に一枚か、二枚つくるわけですね。それがどんどん増えていくわけですよ。

　そのうちにその夫婦は、その土地を村から払い下げてもらって名前を台帳に登録する。それを「名面（なめん）をする」といいいますが、「名面するよ」といっていたことを僕が小学生の頃のことだと思いますが、非常に印象に残っていますね。

　山古志のたんぼを見たときに、最初はそういうふうにして、みんなシコシコつくっていって、その集積が千枚田の風景なんだろうと思いました。その後、横穴を掘って水路を引き、池に溜めてという、ある程度組織的な拓き方をする時期が訪れたのでしょう。

真島　水の湧くところというのは、山の中腹ですね。いちばん上には湧かない。いちばん下に湧くところもあるけれど、それではたんぼをつくれない。

田村　だから、棚田の場合は水の湧くところから下に拓いていったものが、比較的多いのではないかという感じがしますね。

●——米という作物の魅力

編集　丸山にしても白米にしても、小さな村に最盛期には二〇〇〇枚以上のたんぼがあったわけですね。現代の感覚ではどうしても捉えきれない部分があるような気がします。お米の力というか、なぜ米だったのか。

真島　なぜ米かというと、他の作物に比べてつくるのが楽だったからでしょう。

田村　調理も、そんなにややこしくないし、食べてうまいし、栄養価も高い。生産力がすこぶる高い。

編集　単位面積当たりのカロリー収穫量が優秀ということですね。粟や稗だったら、確かにすごい面積をとりますからね。

田村　それからもう一つ、たんぼと畑に肥料をやらないで何年か同じものをつくっていくということをやってみると、米の場合は、そんなに収量が落ちない。畑はバーッと落ちる。これは、たんぼの水が山から栄養分を運んでくるということが一つにはある。

それからもう一つは、同じ作物をつくり続けると、忌地《いやち》現象を起こすことが、畑作物の場合は非常に多い。特にナスなどは、二年続けて同じところにつくれない。だから、どんどん産地が移動していくわけです。

ところが米の場合は、忌地現象を起こさない。それが大きい。ある一定の、かなり安定した収量が、ずーっと持続できる。これは作物としては、ものすごく有利なことですね。

編集　米は定住するためには、すごく有利だということですね。

田村　そうです。馬淵東一という社会人類学のえらい学者がいました。この先生は、台湾の高砂族の研究をされたことで有名な方ですが、この先生がまとめた『人類の生活』（毎日新聞社刊、昭和二七年）という本に、マダガスカル島の焼畑のある部族のことが書かれています。焼畑をして何年か陸稲をつくると、村ごと移動していく生活を長い間していた部族です。彼らが焼畑にならない湿地帯にたんぼをつくり始める。焼畑は部族全員が共同で働いて、共同で分配するわけです。ところが、たんぼは個人個人が勝手につくって、そこで得た収穫は全部自分のものになる。それでおもしろいのは、ある程度の面積のたんぼを拓いていくと、その人は、そこに定住してしまうようになる。だから、焼畑の村が分解してしまう。焼畑での移動生活が米によって分解していって、水田に変わって、定住村落ができていくという経過を馬淵先生は調査されていますが、これは米の定住性を象徴している例ですね。

真島　とてもおもしろいですね。ところで、これだけお米をつくっても米を普通に食べられるようになるのは、配給制度ができたごく最近、それも都市住民だけですね。近世では混ぜ食いが普通で、米は足りなかったでしょうね。米の生産が、古くから、近世も近代も日本の人口増に追いつかなかった。

田村　足りなかったというか、米は売れたからね。いいのは年貢に取られて、年貢に取られた残りを、少しいろいろなものと替えて、自分たちはろくでもないのを食っていたわけですね。

真島　年貢率は最高で六割ぐらい。

田村　そうですね。そのぐらいでしょう。

真島　畑作物は、どうだったのですか？

田村　米換算するわけですけれども、率としては畑作物は低いですよ。今も昔も税金というものは、取りやすいところから取るわ

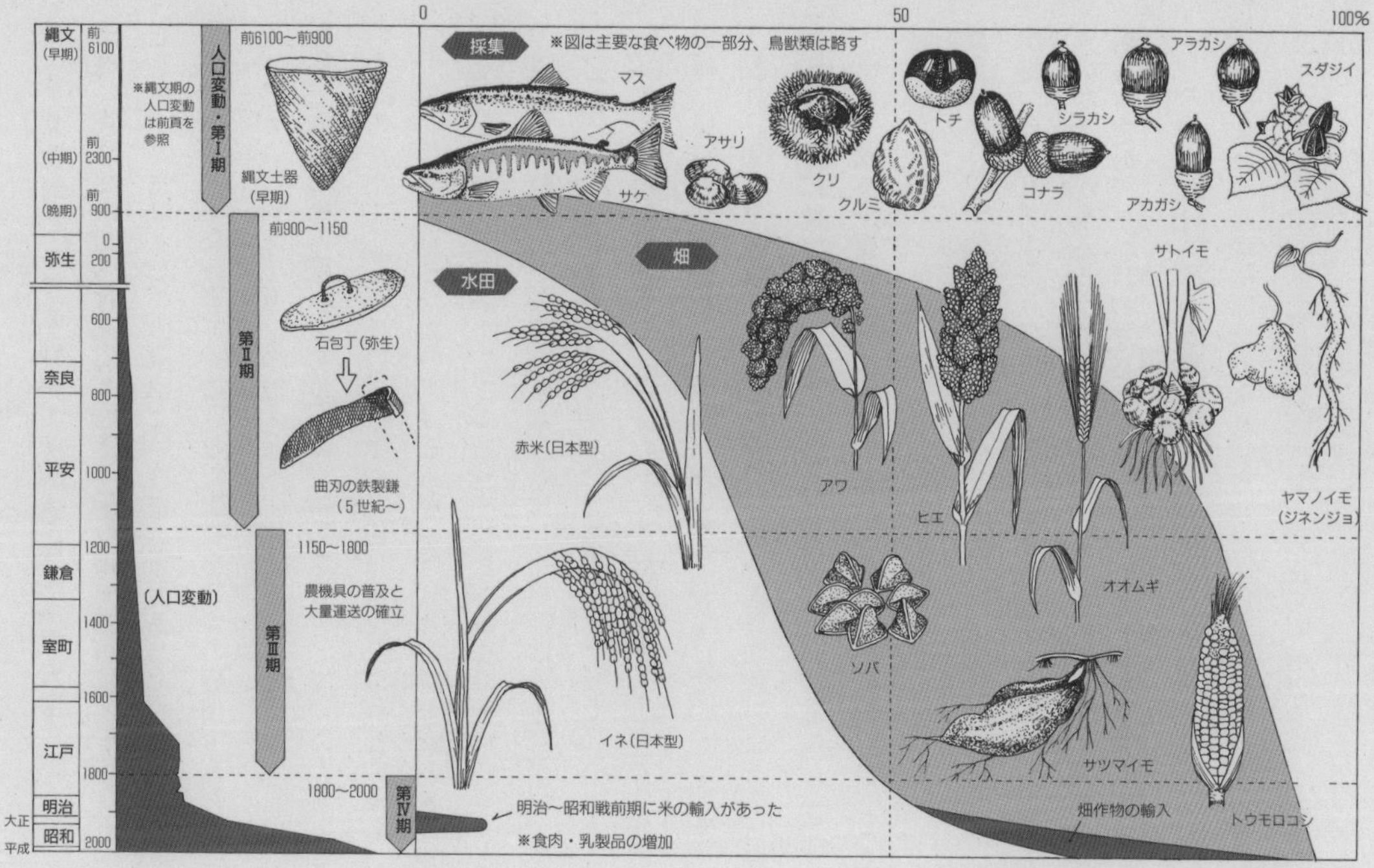

人口変動と稲の登場・他の主要な食べ物

けで、たんぼは隠しようがないですからね。五反百姓っていいますが、五反つくっていれば、五人家族の食糧はまかなえるわけです。例えば一反で五俵とれるとすると、枡換算すれば二石です。一人が一日に三合食べるとすれば一年で一石。ですから年貢を取られなければ、一反で二人の人間が養えるわけです。

編集　半分取られたとすると、一反で一人が食える。五反で五人ということになるわけですね。

田村　一反で五俵の収穫は多いかもしれない。棚田のような環境ではもっと低いかもしれないな。

真島　棚田は四俵程度でしょうね。

田村　それでも検地は、毎年やったわけではないですからね。検地をやった後に、その周りを拓き添えていくわけですね。それは次の検地があるまではバレないわけですよ。確定申告しなくてもいいわけですよ（笑）。

真島　たんぼを何反持っていますかと聞いたとき、みんな、いいよどむのは、先祖代々身に付いたクセだろうな（笑）。

田村　この頃は、そうでもないのでしょうが、昭和三〇年代に農村調査に行って、「おたく、何反ありますか、何俵取れますか」なんて質問しても、まともに答えてくれない。それはもう承知の上でやるわけです。要するに、嘘が三つ集まればホントになるというね（笑）。細かく聞いていくと、商売人ほどうまく辻褄が合わせられないから、どこかでボロが出てしまう。そういうだまし合いだったのでしょうね、役人や支配者との関係は。

真島　そうでしょうね。ちょっとしたことで、食えるか食えないかになったのでしょうから。

真島　大変な労働をともないますからね。
田村　棚田を維持していくということは、ちゃんと稲をつくっていくということですからね。しかも棚田には、トラクターは入らない。それを入れようとすれば棚田が棚田でなくなってしまう。棚田はまさに、手づくり以外の何ものでもないわけですよ。
真島　白米の場合でも、保存会がつくっているところが精一杯ですね。
田村　そうでしょう。形だけを残して、荒らさないのが精一杯。裏の見えない棚田は、葦の原に戻っている。
真島　棚田のオーナー制度が各地で普及していて、首都圏の場合だと千葉の安房の棚田などは、早稲田大学の中島峰広先生が、一所懸命おやりになっています。都市部に近くて、一泊で作業ができて楽しんで帰れるところはまだいいのですが、白米や丸山は遠いですよ。遠いところが難しい。
田村　そういうところを、どういう形でこれから保存していくのか。あるいは現状を保っていくのか。
真島　文化財になることで全国的な知名度が出ることと、また地域の人たちが郷土学習のフィールドとして使えるかどうか、その辺に期待しているのです。われわれの暮らしの歴史の中で、自然をこのような知恵の集積として使ってきた、お米というものの高い再生能力を利用してこれまで私たちは生きてきたということを学ぶフィールドとしては、まさに棚田の村は重要です。

今の私たちの生活はまったくの消費生活に終始していますね。暮らしの中でものを生産する体験をほとんどしていません。ある限られた環境の中で総合的に再生産することで暮らしを持続させ

●――文化財としての棚田――その価値と活用方法

田村　真島さんたちは丸山と白米の千枚田を精密にフィールド調査して、文化財としての棚田という視点を出されたわけですけれど、これは大切な仕事で、こうした調査をほかの棚田でも行うことが急がれていると思いますね。
真島　本当にそう思いますね。調査結果を分析していてわからないところが出てくるたびに、白米や丸山に電話して確認するわけですが、そうすると一人の人は知らないけれど、隣の家の人は知っているということがたくさんありました。調査はそういうことの連続ですね。だから調査を念入りにしないと取り漏れが出てくる。それと昔のことを知っている人もわずかになってきています。今のうちにやらないとわからなくなってしまう。
田村　棚田の文化財としての意味合いが、非常に強くなってきています。棚田の課題もそこにある。ある公園をきれいなままに保とうとするには、かなり人手と労力と資本をかけなくては維持できない。棚田を棚田として保存しようと思うと、それと同じぐらいの、あるいはそれ以上の労力と資金がかかるかもしれない。
真島　そうですね。莫大だと思いますね。
田村　今、町並み保存の成果として妻篭、馬篭には年に一〇〇万人の観光客が来るそうです。しかし、以前二〇軒ぐらいあった民宿が現在は半数に減ってしまっている。なぜかというと跡を継ぐ子どもがいない。町並み保存をやって、お客さんは来るようになったけれども過疎化は止められなかった。これは棚田の場合を考えても共通する課題だと思いますね。棚田の場合はもっと厳しいかもしれない。

てきたシステムを体験するには、米に頼る部分と頼らぬ部分をもつ棚田村はうってつけです。

田村　要するに追体験するということでの学習ですね。

真島　先日、年表をつくってみて驚いたのですが、現在の日本の人口は一億二〇〇〇万人ですが、そのうち働いているのはおおよそ六〇〇〇万人なんです。子どもと高齢化して働いていない人口が半分もいる。毎日何をしているんだろうと思うほど増えているわけです。

昔も、子どもと年寄りの比率は今と極端にはちがわないから人口が三五〇〇万人のときは、その半数近くが子どもと年寄りだったはずですが、先ほどの田村先生の子ども時代の話のように、彼らは何かしら家業の手伝いをしていたわけです。ところが今は家業の手伝いはほとんどないわけですね。そう考えると、今は膨大な労働対象でない人たちが、何かを探している時代であることは確かですね。食うためでなければ、冷たい川の中に一日入って鮎を釣っても楽しいわけですよ。棚田の米づくりも発想を変える必要があるかもしれません。

田村　先ほどのマダガスカルの部族の話ではないけれど、たんぼというのは、本来は定住している人がやるものなんですよ。オーナー制度もいいけれども、本当はそこに定住する人が必要なんです。もとからそこにいる人でなくてもいい。新しく入って、その人たちがたんぼをつくりながら、プラスアルファの部分で何をやるか。あるいは、そっちのほうを本業としてやりながら、プラスアルファでたんぼをつくるというようなことが、何かできないものかと思います。

種を蒔いて田植えをして収穫するという時間が、かなり短くなっていますね。昔だと刈り入れ、収穫の時期が十月、十一月まであった。ところが今は八月、九月に収穫が終わっています。半年は他のことをする時間があるわけですね。もともと一つの仕事だけが農家の生活を成り立たせていたわけではない。地域にもよるけれども、能登の場合だと冬の間、親父は杜氏《とうじ》に出たりしているわけですね。

真島　冬は、出稼ぎですね。

田村　今であれば、インターネットも宅急便もあるわけだから出稼ぎに出なくてもそこにいて、世界を相手に何か新しい仕事の形が創出できそうな気がする。別に都会にいなければできない仕事ばかりではない。例えば窯で焼き物を焼いてもいいわけですよ。

真島　文化財を活用する制度も、基本的にそういう考えに対応したものにしていかないと駄目ですね。棚田でお米をつくっている半年間は保障して、あとは自由におやりなさいと。土地も借りてもいいしね。家も空き家が多いわけだから自由に使ってくれればいいと。棚田のある風景をまるごと文化財にして保存活用して不動産税はただにするといいですね。新しく定住を始めた人が、そこでの新しい暮らしの形をつくり出せるような仕組みが求められていると思います。

田村　要するに、これまでの文化財というのは、お蔵入りでしょう。だけど棚田というものは活用しないと残らない性格の文化財ですね。棚田に限らず、そうした性格の文化財が増えてきているように感じています。

（TEM研究所にて二〇〇二年一二月収録）

足もとから暮らしと環境を科学する

「百の知恵双書」の発刊に際して

21世紀を暮らす私たちの前には地球環境問題をはじめとして、いくつもの大きな難問が立ちはだかっています。今私たちに必要とされることは、受動的な消費生活を超えて、「創る」「育てる」「考える」「養う」といった創造的な行為をもう一度暮らしのなかに取り戻すための知恵です。かつての「百姓」が百の知恵を必要としたように、21世紀を生きるための百の知恵が創造されなければなりません。ポジティブに、好奇心を持って、この世紀を生きるための知恵と勇気を紡ぎ出すこと。それが「百の知恵双書」のテーマです。

●既刊

002
住宅は骨と皮とマシンからできている
考えてつくるたくさんの仕掛け
野沢正光

建築家は住宅をつくるとき、いつもどんなことを考えながら一つの形にまとめていくのだろうか。地球環境時代の現代、住宅をつくるときに求められる条件とは何か。自邸の計画を深く掘り下げて見せることで、具体的に一般の読者に向けて書かれた住宅入門の書。ISBN4-540-02252-0

003
目からウロコの日常物観察
無用物から転用物まで
野外活動研究会

ありふれた路上に転がるモノたちを観察すればするほど、不思議いっぱいの暮らしの有り様が見えてくる。時にはおかしく、時には恐ろしく、日常物観察から見えてくるものは、今の私たちの暮らしの諸相と行く末である。ISBN4-540-02253-9